Julian Hartbaum

Magnetisches Nanoaktorsystem

Schriften des Instituts für Mikrostrukturtechnik
am Karlsruher Institut für Technologie (KIT)
Band 16

Hrsg. Institut für Mikrostrukturtechnik

Magnetisches Nanoaktorsystem

von
Julian Hartbaum

Dissertation, Karlsruher Institut für Technologie (KIT)
Fakultät für Maschinenbau

Tag der mündlichen Prüfung: 04. Oktober 2012
Hauptreferent: PD Dr. Manfred Kohl
Korreferenten: Prof. Dr. Volker Saile, Prof. Dr. Dieter Kern

Impressum

Karlsruher Institut für Technologie (KIT)
KIT Scientific Publishing
Straße am Forum 2
D-76131 Karlsruhe
www.ksp.kit.edu

KIT – Universität des Landes Baden-Württemberg und
nationales Forschungszentrum in der Helmholtz-Gemeinschaft

KIT Scientific Publishing 2013
Print on Demand

ISSN 1869-5183
ISBN 978-3-86644-981-7

Magnetisches Nanoaktorsystem

Zur Erlangung des akademischen Grades eines

Doktors der Ingenieurwissenschaften

der Fakultät für Maschinenbau des
Karlsruher Instituts für Technologie

genehmigte

Dissertation

von

Dipl.-Phys. Julian Hartbaum

Tag der mündlichen Prüfung: 04.10.2012

Hauptreferent: PD Dr. rer. nat. Manfred Kohl
Korreferent: Prof. Dr. rer. nat. Volker Saile
Korreferent: Prof. Dr. rer. nat. Dieter Kern

Danksagung

Nach mehreren Jahren der vorwiegend experimentellen Arbeit am Institut für Mikrostrukturtechnik (IMT) des Karlsruher Instituts für Technologie entstand diese Arbeit, die mich als den alleinigen Autor führt. Dabei wäre dieses Werk ohne die Hilfe und Unterstützung einer ganzen Reihe von Personen in dieser Form nicht zustande gekommen.

Ein besonderer Dank geht an meinen Doktorvater Herrn PD Dr. Manfred Kohl, der die Arbeit von Beginn an mit großem Engagement betreut und intensiv begleitet hat. Seine vielfältigen Anregungen insbesondere an entscheidenden Stellen der Promotion haben maßgeblich zu einem erfolgreichen Gelingen dieser Arbeit beigetragen. Ihm und dem ehemaligen Institutsleiter des IMT, Prof. Dr. Volker Saile, danke ich sowohl für das in mich gesetzte Vertrauen solch eine wissenschaftliche Arbeit erfolgreich durchführen zu können als auch für Ihre Dienste als Referenten der Dissertation.

Prof. Dr. Dieter Kern, Leiter des Instituts für angewandte Physik in Tübingen, danke ich herzlich für die Übernahme des Koreferates.

Ein großer Dank geht an alle Kollegen des IMT und hier insbesondere an meine Mitdoktoranden aus dem Fachbereich F & E 4. Ein solch kollegiales und hilfsbereites Umfeld ist eine unglaublich motivierende Stütze bei der täglichen Arbeit in Labor und Büro.

Dem E-Beam Team um Peter Jakobs und Andreas Bacher danke ich für die vielen fachlichen Diskussionen und Belichtungen, Herrn Paul Abaffy danke ich für unzählige Stunden am REM.

Vielfältige und unschätzbare Unterstützung verdanke ich meiner Frau Charlotte und meinem während der Promotion geborenen Sohn Benedikt. Nicht nur in den dunklen Zeiten magerer Ergebnisse, nicht-funktionierender Experimente und frustrierender Rückschläge besann ich mich im Kreise meiner jungen Familie auf die wichtigen Dinge und erfuhr Gelassenheit im Umgang mit Zweifeln und Unsicherheit.

Kurzfassung

Der aktuelle Fortschritt der Nanotechnologie wird die Entwicklung neuartiger Nanosysteme ermöglichen, die das Potential haben weite Bereiche unseres Lebens, wie beispielsweise Umwelt-, Energie- oder Medizintechnik, zu revolutionieren. Aktoren gehören neben Sensoren, Verbindungsmodulen und signalverarbeitenden Komponenten zu den Kernelementen intelligenter Nanosysteme. Ziel dieser Arbeit ist die Entwicklung eines metallischen Nanoaktors mit kritischen Abmessungen um 100 nm, dessen mechanisches Verhalten über magnetische Felder gesteuert werden kann. Mit Hilfe der in der Mikrotechnik etablierten Technologien werden Titan-Nanobiegebalken realisiert, dessen Vorderenden mit einem magnetischen Element funktionalisiert sind. Wichtige Herstellungsverfahren sind das reaktive Ionenätzen und die Elektronenstrahllithografie, die im Direct-Write Verfahren die zueinander justierte Belichtung mehrerer Schichten und damit die Herstellung dreidimensionaler Nanoelemente erlaubt. Verschiedene Ätzverfahren werden sowohl zur lateralen Strukturierung als auch zur Erzeugung freistehender und damit beweglicher Aktorelemente angewandt und bewertet. Unterschiedliche Ansätze für das magnetische Element umfassen sowohl die galvanische Abscheidung als auch die Sputterdeposition von Nickeleisen. Zusätzlich wird die Integration magnetischer Partikel auf die Vorderenden der Balkenstrukturen untersucht. Die Charakterisierung der Nanobiegebalken hinsichtlich ihrer magnetischen und mechanischen Eigenschaften liefert wertvolle Erkenntnisse für den Betrieb solcher Nanoaktoren in zukünftigen Nanosystemen.

Abstract

Current progress in nanotechnology will enable the development of new nano systems which have the potential to revolutionize many fields of our life, such as the environment, energy, and medical technology. Actuators, sensors, interconnect modules and signal processing components are the core elements of smart nano systems. The aim of this study is the development of a metallic nanoactuator system with critical dimensions of 100 nm, whose mechanical behaviour can be controlled by magnetic fields. Using established micro technologies, titanium nano beams can be created, whose front ends are functionalized with a magnetic element. The major manufacturing processes used are reactive ion etching and electron beam lithography, which in Direct-write method allows the aligned exposure of several layers, and thus the production of three-dimensional nano-elements. Various etching methods are used and evaluated with respect to lateral structuring and to the generation of freestanding, movable actuator elements. Different approaches to the magnetic element comprise both the electrodeposition and the sputter deposition of nickel iron. Additionally, the integration of magnetic particles on the front ends of the beam structures is examined. The characterization of the actuator elements regarding magnetic and mechanical properties provides valuable insights into the operation of such nano actuators in future nanodevices.

Inhaltsverzeichnis

Literaturverzeichnis **125**

Kapitel 1

Einleitung

1.1 Motivation

Das menschliche Bestreben, Gesetzmäßigkeiten und Ursachen für all die Dinge zu finden, die unser Leben beeinflussen, hat in der abendländischen Wissenschaft zu dem beispiellos erfolgreichen Ansatz geführt, die den Sinnesorganen zugängliche Welt als aus kleineren Bestandteilen aufgebaut zu erfassen. Mit der Verfeinerung der theoretischen und experimentellen Techniken konnten die Wechselwirkungen der immer kleiner werdenden Bestandteile verstanden und damit auch das Verhalten makroskopischer Körper auf elementare Gesetzmäßigkeiten zurückgeführt werden. Unterhalb der sichtbaren Welt erschloss sich so zuerst der Mikrodann der Nanokosmos und heute stellt sich die Welt aus zusammengesetzten Teilchen dar, deren Abmessungen um Größenordnungen kleiner sind als die etwa 0,1 nm großen Elemente des Periodensystems. Neben dem reinen Erkenntnisgewinn wurde bald auch klar, dass eine Manipulation der kleinen Bestandteile, seien es Moleküle, Atome, Zellen oder Proteine, zu der Möglichkeit führt, die zugrunde liegenden Gesetzmäßigkeiten in eigenem Sinne zu kontrollieren und damit für Anwendungen nutzbar zu machen.

Im Jahre 1959 gab Richard Feynman mit seiner visionären Rede vor Mitgliedern der American Physical Society und der Ausrufung zweier Preise den Startschuss für die Entwicklung der Nanotechnologie. Je

1000 $ gab es für den Ersten, der es schaffte die Informationen einer Buchseite um den Faktor 25.000 zu verkleinern und für den Ersten, der es schaffte einen kabellos kontrollierbaren, rotierenden, elektrischen Motor mit Gesamtabmessungen von 0,4 mm³ herzustellen [1].

Ein großer Wegbereiter der Nanotechnologie war dabei die Halbleiterelektronik. 1965 prophezeite Gordon Moore dass sich die Komponentenzahl auf einem Chip jedes Jahr verdoppelt [2]. Dieses "Gesetz" hat in modifizierter Form (Verdopplung alle 18 Monate) bis heute Gültigkeit, die Anzahl der Transistoren pro Chip ist, von ca. 50 im Jahre 1965, auf mehrere Milliarden angewachsen. Im Windschatten dieses Siegeszuges der Mikroelektronik entstand die Mikrosystemtechnik. Sie basierte auf dem enormen Erfahrungsschatz, den die Mikroelektronik aufgebaut hatte und der nun für Mikrosysteme außerhalb der Elektronik verwendet werden konnte. Diese Systeme umfassen z. B. die Mechanik, die Fluidik, die Optik oder die Biochemie. Die Mikrosystemtechnik wiederum kann als Vorläufer der Nanotechnologie angesehen werden, deren Prozesse es ermöglichen, Strukturen im Nanometerbereich herzustellen oder zu vermessen.

Die gesellschaftliche Bedeutung der Nanotechnologie liegt in den mit ihrer Hilfe entwickelten Nanosystemen begründet. Nanostrukturen selbst wären wenig relevant. Erst ihre Funktion und Kombination zu intelligenten Nanosystemen erlauben potentielle Anwendungen, beispielsweise in der Medizin, Umwelt-, Energie-, Kommunikations- und Sicherheitstechnik. Ein jedes Nanosystem ist aus mehreren Komponenten aufgebaut, deren Zusammenwirken erst eine Funktionalität ermöglicht. Herzstücke eines solchen Systems sind Aktoren, Sensoren, signalverarbeitende Komponenten, Verbindungs- und Verpackungsmodule.

Die Entwicklung eines magnetischen Nanoaktors ist inspiriert von der Idee, in zukünftigen Nanosystemen auf Änderungen eines magnetischen Feldes mit einer Kraft- und Bewegungserzeugung reagieren zu können und so die kabellose Steuerung mechanischer Arbeit zu ermöglichen. Der Vorteil der magnetischen Ansteuerung liegt sowohl in den einfachen und vielfältigen Möglichkeiten der Magnetfelderzeugung als auch in der Transparenz der meisten Materialien für magnetische Felder und ihrer Verträglichkeit mit biologischen Systemen.

1.2 Zielsetzung der Arbeit

Ziel dieser Arbeit ist die Entwicklung eines Nanoaktors, dessen mechanisches Verhalten über magnetische Felder gesteuert werden kann. Für die Abmessungen des Aktors wird eine Größenordnung um 100 nm angestrebt. Die beabsichtigte Verwendung metallischer Schichten und der dazugehörigen Bearbeitungsverfahren grenzt diese Arbeit bewusst von der Halbleiter- bzw. Polymertechnologie ab. In Anlehnung an den englischen Sprachgebrauch, in dem die Abkürzungen MEMS bzw. NEMS für Mikro- bzw. Nanoelektromechanische Systeme stehen, kann für ein solches System die ähnelnde aber abgrenzende Bezeichnung Nanomagnetischmechanisches System (NMMS) verwendet werden. Technologien der Mikrosystemtechnik werden genutzt, um Prozesse zu entwickeln, die eine Top-Down Fabrikation freistehender, magnetisch aktuierbarer Nanostrukturen ermöglichen. Die technologischen Herausforderungen liegen insbesondere in geeigneten Depositionsverfahren, einer hochaufgelösten Strukturierung, abbildungstreuen Strukturübertragsprozessen und der Entwicklung einer Opferschichttechnologie, die zu freistehenden Strukturen führt. Es sollen Demonstratoren hergestellt und charakterisiert werden um so die Eignung des in dieser Arbeit beschrittenen Weges zur Realisierung eines metallischen Nanoaktors bewerten zu können.

Die der Arbeit zugrunde liegenden Herstellungstechnologien sowie mögliche Aktorprinzipien werden im nachfolgenden Kapitel erläutert. Der aktuelle Stand der Nanoaktorik ist in Kapitel 3 zusammengefasst. Kapitel 4 geht detailliert auf das Layout und den Herstellungsprozess ein. Eine Charakterisierung des Nanoaktors findet sich in Kapitel 5 bevor Kapitel 6 diese Arbeit mit einem Ausblick beschließt.

Kapitel 2

Grundlagen

Die Realisierung von Nanoaktoren besteht schwerpunktmäßig in der Entwicklung geeigneter Herstellungstechnologien, genauer in der Auswahl, Anpassung und Weiterentwicklung sowohl möglicher Depositionsverfahren als auch passender Strukturierungs- und Strukturübertragsmethoden. In diesem Kapitel werden die gängigen Verfahren zur Nanostrukturierung, zur Schichtdeposition und zum Strukturübertrag vorgestellt. Dabei wird ein Schwerpunkt auf die in dieser Arbeit verwendeten Technologien der Elektronenstrahllithografie und des reaktiven Ionenätzens gelegt. Im letzten Unterkapitel finden sich Kurzerläuterungen der verschiedenen Aktorprinzipien, wie sie für Festkörperaktoren verwendet werden können.

2.1 Nanostrukturierungsverfahren

Die Top-Down Herstellung von Nanostrukturen ist mit einer ganze Reihe von teils weit entwickelten Verfahren möglich. Eines der am weitesten verbreiteten Strukturierungsverfahren in der Mikrosystemtechnik ist die Fotolithografie. Hierbei fällt üblicherweise monochromatisches Licht auf einen fotosensitiven Resist. Zwischen Lichtquelle und Resist befindet sich eine Fotomaske, die sich im Resist durch Schattierung in Form einer lokal veränderten chemischen Struktur abbildet. Durch physikalische oder chemische Verfahren kann die Resiststruktur dann weiter behandelt werden. Die Möglichkeit mit dieser Lithografiemethode große Flächen gleichzeitig belichten zu können, erlaubt eine schnelle und kostengünstige Herstellung großer Mengen von gleichartigen, fotolithografischen Strukturen. Die Auflösung optischer Systeme ist limitiert durch die Wellenlänge λ des verwendeten Lichtes, der numerischen Apertur N_A und einem prozessabhängigen Faktor k:

$$CD = k \cdot \frac{\lambda}{N_A} \qquad (2.1.1)$$

Da die Strukturgrößen im Bereich der Nanotechnologie und insbesondere auch in der Nanoelektronik kleiner sind als die Wellenlänge des sichtbaren Lichtes, gerät die Fotolithografie zunehmend an ihre Grenzen. Der Trend geht zu immer kürzeren Wellenlängen, inzwischen werden ArF-Excimerlaser mit einer Wellenlänge von 193 nm verwendet. Auch der k-Faktor wird durch bessere Belichtungsbedingungen, bessere Maskentechnik, optimierte Lackchemie u. a. immer weiter reduziert, er ist allerdings theoretisch auf 0,25 limitiert. Ebenso limitiert ist die numerische Apertur. Im Falle von Luft oder Vakuum als einfallendes Medium beträgt die theoretische Obergrenze etwa 1. Hier wird in der Immersionslithografie versucht durch Medien mit einem höheren Brechungsindex die numerische Apertur über den bisherigen Spitzenwert von 0,93 hinweg zu erhöhen. Die derzeitige Auflösungsgrenze bei den aufwendigen Prozessen der Halbleiterindustrie liegt, bei Verwendung der Immersionslithografie mit reinem Wasser ($N_A = 1,35$), bei 32 nm. Bei Verwendung einer zweiten, versetzten Belichtung können kritische Strukturgrößen bis auf 22 nm reduziert werden (Abbildung 2.1.1) [3,4].

Eine Fortsetzung hin zu kleineren Strukturen bietet die Lithografie mit extremer ultravioletter Strahlung (EUV). Diese nutzt Strahlung aus Plasmagasentladung mit einer Wellenlänge von 13,5 nm und ist prinzipiell für Strukturierungen unterhalb von 22 nm geeignet [5]. Bei der Verwendung von Wellenlängen zwischen 10 und 0,01 nm spricht man von Röntgenlithografie. Als Röntgenquelle kommt zum Beispiel Synchrotronstrahlung zum Einsatz. Die Röntgenlithografie bietet eine hohe Tiefenschärfe und eignet sich daher gut zur Herstellung von hohen

Aspektverhältnissen. Prominentes Beispiel für den Einsatz der Röntgenlithografie ist das LIGA-Verfahren [6, 7].

Die Ionenstrahllithografie nutzt beschleunigte Ionen um lokal eine chemische Reaktion in der Reststruktur zu verursachen oder ein Substratmaterial über den Sputtereffekt abzutragen [8]. Es gibt hier sowohl das Verfahren der Flutbelichtung mit Maske als auch die Möglichkeit einen fokussierten Ionenstrahl seriell über eine Resistschicht zu führen. Nicht zu verwechseln mit der Ionenstrahllithografie ist die ionenstrahlinduzierte Abscheidung, in der zusätzlich zu einem fokussierten Ionenstrahl ein Precursorgas in die Belichtungskammer eingelassen wird. An der Stelle des Ionenstrahles kommt es zur Dissoziation der Precursormoleküle und damit zu einer Deposition von Teilen des Precursorgases auf das Substrat [9].

Beim Nanoimprintverfahren werden ein nanostrukturierter Stempel sowie ein Mono- oder Polymer als Positiv benötigt. Das Positiv wird über die Glasübergangstemperatur erhitzt und der Stempel eingedrückt. Anschließendes Abkühlen führt zur Aushärtung des Positivs und der Stempel kann entfernt werden [10]. Um die mit der Temperaturerhöhung einhergehende Ausdehnung zu vermeiden, lassen sich Polymere verwenden, die unter UV-Licht aushärten. Hier kann die UV-Bestrahlung beispielsweise durch einen transparenten SiO_2 Stempel hindurch erfolgen [11].

Eine Vielzahl an Nanostrukturierungsverfahren bietet die Rasterkraftmikroskopie (RKM). Neben der Manipulation von Kristallen [12] oder Molekülen [13] lassen sich Nanostrukturen auch über eine mechanische Indentation [14] herstellen. Über das Anlegen einer Spannung lassen sich lokale Felder erzeugen, die z.B. zur punktgenauen Oxidation einer geeigneten Schicht verwendet werden können [15].

In der „Dip Pen" Nanolithografie wird die Cantileverspitze mit einer Flüssigkeit oder mit Molekülen versehen (Dip) und diese dann wie mit einem Stift (Pen) auf ein Substrat aufgebracht [16]. Alternativ ist es auch möglich durch Erwärmung einer Rasterkraftmikroskopiespitze einen Resist lokal schmelzen oder verdampfen zu lassen [17, 18].

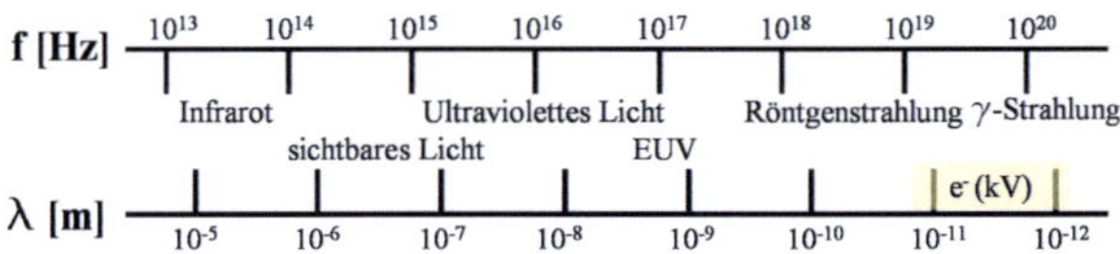

Abbildung 2.1.1: Auszug aus dem elektromagnetischen Spektrum. Je kleiner die Wellenlänge λ der verwendeten Strahlung, desto besser ist die theoretisch erreichbare Auflösung. Gelb unterlegt sind die De Broglie-Wellenlängen von Elektronen, die mit einer Spannung von mehreren Kilovolt beschleunigt werden.

2.1.1 Elektronenstrahllithografie

Einige der bisher vorgestellten Nanostrukturierungsverfahren sind keine direkten Lithografiemethoden, d.h. sie benötigen eine Maske, deren Struktur dann weiter abgebildet wird. Zur Maskenherstellung braucht es ein direktes Lithografieverfahren und hierfür wird üblicherweise die Elektronenstrahllithografie (ESL) genutzt. In der ESL wird ein fokussierter Elektronenstrahl mit Hilfe von Ablenkspulen über ein mit Resist beschichtetes Substrat geführt. Es kommt zu lokalen Änderungen der chemischen Resiststruktur, die in einem geeigneten Entwickler gegenüber dem unbelichteten Resist eine andere Löslichkeit aufweisen. Die theoretisch erreichbare Auflösung der ESL ist um Größenordnungen besser als die der optischen Lithografie. Grund hierfür sind die mit üblicherweise 30 – 100 kV beschleunigten Elektronen, die nach de Broglie eine Wellenlänge von einigen Picometern aufweisen [19].

In der Praxis spielt diese theoretische Grenze aber keine Rolle, die kleinsten Strukturgrößen werden insbesondere durch die Qualität der Strahlungsquelle, der Strahlführung und –fokussierung, der Elektronenstreuung sowie durch die Resist- und Entwicklungsparameter limitiert. Als Strahlungsquelle können Glüh- oder Feldemissionskathoden eingesetzt werden. Bei Glühkathoden wird die Austrittsarbeit des spezifischen Materials durch thermische Energie der Elektronen überwunden. Durch hohe Anodenspannung kann die Austrittsarbeit auf Grund des Schottky Effektes verringert werden. Eine höhere Auflösung bieten Feldemissionskathoden. Statt die Elektronen thermisch bis über die Austrittsarbeit anzuregen wird in Feldemissionskathoden der quantenmechanische Tunneleffekt genutzt. Ein äußeres elektrisches Feld führt zur Entstehung eines tunnelbaren Potentialwalles an Stelle einer Potentialstufe und damit zu einer gewissen Tunnelwahrscheinlichkeit von Elektronen mit einem sehr schmalen Energieband aus dem Kathodenmaterial in Richtung Anode (Fowler-Nordheim Tunneln) [20].

Abhängig davon wie der Elektronenstrahl über das Substrat geführt wird, wird zwischen Vektor- und Rasterscan unterschieden. Beim Rasterscan wird die Substratauflage kontinuierlich bewegt und der Elektronenstrahl an den nicht zu belichtenden Stellen ausgeblendet. Beim Vektorscan dagegen können größere nicht zu belichtende Bereiche übersprungen werden, was insbesondere bei wenig strukturierten Proben eine Verkürzung der Schreibzeit mit sich bringt. Die Energieverteilung im Querschnitt eines runden Elektronenstrahles ist in der Regel gaußförmig. Manche Lithografiesysteme bieten die Möglichkeit eines geformten Strahles. Hier kann etwa die Form des Strahles von der Gaußform abweichen, aber auch der Einsatz von Lochblenden zur Erzeugung bestimmter Formen (in der Regel Drei- oder Vierecke) ist möglich.

2.1.1.1 Vistec VB6

Die Strukturierung der Aktorelemente in dieser Arbeit erfolgt mit der ESL. Der Hauptnachteil der ESL besteht im geringen Durchsatz, der durch den seriellen Belichtungsvorgang bedingt ist. Die Massenfabrikation von Elementen ist daher meist nicht rentabel. Bei der Herstellung einzelner Generationen von Demonstratoren besteht dieser Nachteil jedoch nicht. Im Gegensatz zu den Imprint- oder fotolithografischen Verfahren basiert die ESL nicht auf unveränderlichen Masken oder Stempeln und besitzt damit die Flexibilität, in jedem Strukturierungsvorgang Verbesserungen der vorhergehenden Aktorgeneration zu berücksichtigen. Ein weiterer Vorteil ist auch der große Dimensionsbereich der Strukturierung. Nanostrukturen um 100 nm sind ebenso zu realisieren wie Elemente im Zentimeterbereich wie sie beispielsweise für Hilfsstrukturen oder elektrische Kontakte benötigt werden.

Das in dieser Arbeit verwendete Lithografiesystem wurde von der Firma Vistec hergestellt und trägt die Bezeichnung VB6 UHR EWF. Hierbei stehen die Abkürzungen für Vector Beam 6″ Ultra High Resolution Extreme Wide Field. Die Kathode besteht aus einer Schottky-Feldemissionskathode mit einer einkristallinen Wolframspitze, die von einem dünnen Zirkoniumoxidfilm überzogen ist. Ein polykristalliner Wolframdraht heizt die Kathode auf 1800 K, sodass verdampftes Zirkoniumoxid über ein oberhalb der Spitze liegendes Reservoir zur Spitze nachgeführt werden kann.

Das Extraktorpotential von einigen kV führt zu einer Emission von Elektronen aus der Wolframspitze. Die Elektronen passieren eine Öffnung im, gegenüber der Spitze, negativ geladenen Suppressorbecher (250 V) und werden durch eine Anodenspannung von üblicherweise 100 kV in Richtung Substrathalter beschleunigt. Eine elektrostatische Linse (C1) vor der Anode dient zur Fokussierung und Verringerung des Elektronenstrahles sowie zur Kontrolle des Elektronenstromes. Zwei elektromagnetische Linsen korrigieren Versatz und Neigung des Strahles, bevor eine magnetische, zweite Fokussierungslinse (C2) den Elektronengang in die Mitte eines Strahlausblendermoduls bündelt (Abbildung 2.1.2).

Der Strahlausblender hat die Aufgabe, immer dann den Elektronenstrahl elektrostatisch aus der optischen Achse zu lenken, wenn während des Betriebes keine Belichtung stattfinden soll. Je nach gewünschter Auflösung oder Tiefenschärfe können verschiedene Aperturblenden eingesetzt werden, die Durchmesser der verfügbaren Blenden betragen 40 µm, 70 µm und 100 µm. Die Kriterien für die Wahl der einzelnen Aperturen sind die benötigten Elektronenströme und der Durchmesser des Strahles. Für feinste Strukturen wird die 40 µm Blende verwendet. Mit ihr werden Ströme bis 4 nA und Spotdurchmesser von minimal etwa 4 nm erreicht. Für die Mehrzahl der Anwendungen ist die Verwendung der 70 µm Blende ausreichend. Die Ströme reichen hier von 5 bis 25 nA und der Spotdurchmesser liegt im Bereich von mehreren zehn Nanometern. Liegen die zu belichtenden Flächen im Mikrometerbereich, kann die größte Blende mit 100 µm verwendet werden. Die hohen Ströme und Strahldurchmesser der 70 µm Apertur gewährleisten eine zügige Belichtung großer Flächen.

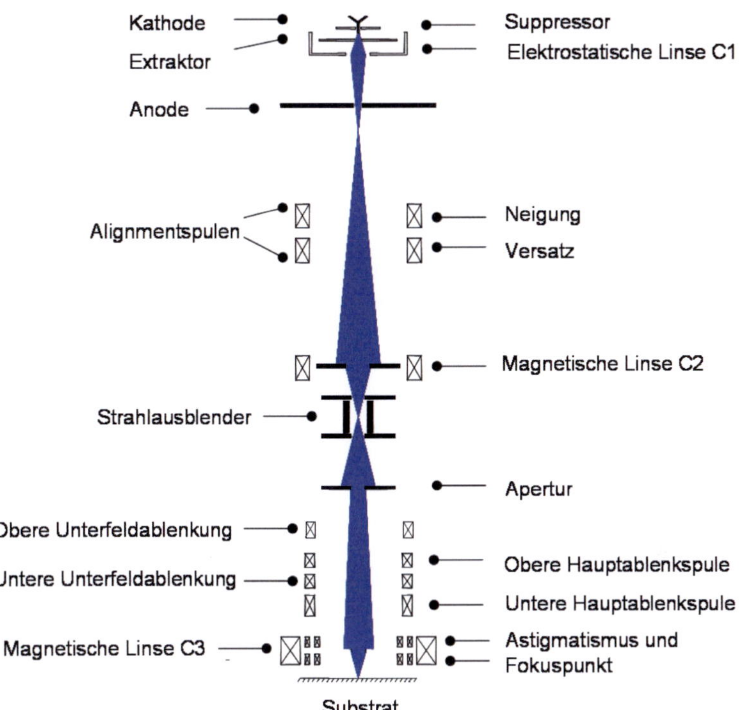

Abbildung 2.1.2: Skizze des elektronenoptischen Strahlenganges.

Da die Strahlauslenkung nicht über die gesamte Fläche eines 6"-Wafers erfolgen kann, wird eine dreistufige Strahl- zu Substratpositionierung durchgeführt. Dazu wird das zu schreibende Layout in quadratische Haupt- und Unterfelder aufgeteilt. Die Größe eines Hauptfeldes kann zwischen etwa 100 µm und 1310 µm gewählt werden. Jedes Hauptfeld wiederum kann in 64 x 64 Unterfelder aufgeteilt werden. Die Positionierung des Strahles in die Mitte eines Hauptfeldes erfolgt mechanisch über die Schrittmotoren des Substrathalters. Hierbei gewährleistet ein laserinterferometrisches Messystem eine Positionsgenauigkeit im Sub-nm Bereich. Die Positionierung auf die Mitte eines Unterfeldes innerhalb eines Hauptfeldes erfolgt elektromagnetisch über Hauptablenkspulen, die Positionierung bzw. das Rastern innerhalb eines Unterfeldes wiederum über Unterfeldspulen.

Im Säulenaufbau unterhalb der Apertur schließen sich nun die magnetischen Ablenkspulen für Haupt- und Unterfelder an. Ebenfalls über magnetische Spulen (C3) wird zuletzt Astigmatismus und Fokuspunkt in Echtzeit passend zu Auslenkung und Resistniveau korrigiert. Das Resistniveau wird anhand der Reflexion eines Laserstrahles an der Resistoberfläche mit einem CCD-Detektor gemessen. Die Anzahl der Belichtungspunkte pro Flächeneinheit ist über die Wahl der Hauptfeldgröße limitiert. Jedes Hauptfeld kann maximal in $2^{20} \cdot 2^{20}$ Belichtungspunkte aufgeteilt werden (20 bit System). Die Belichtungsdosis D der einzelnen Belichtungspunkte wird über den Elektronenstrom I und die Verweildauer t des Elektronenstrahls auf einem einzelnen Belichtungspunkt festgelegt und kann mit einem unterhalb des Substrathalters integrierten Faradaybecher gemessen werden.

$$D = \frac{I \cdot t}{A} \qquad (2.1.2)$$

Die Verweildauer des Elektronenstrahls auf einem Belichtungspunkt wird über die Frequenz geregelt, die maximale Frequenz beträgt 50 MHz. Die Größe eines Belichtungspunktes hängt vom Durchmesser des Strahles, der Sensitivität des Resistsystemes und von Streueffekten ab.

Der Einbau der Proben in die Lithografieanlage erfolgt über Substrathalter, die eine Aufnahme kleiner Probenstücke bis hin zu 6″-Wafern ermöglichen. Für die Rückstreudetektoren erkennbare Markierungen auf den Substrathaltern erlauben dabei eine Ausrichtung des Elektronenstrahles relativ zu den Substrathaltern und damit zu den in ihnen fixierten Proben. Dank der Ausrichtung des Strahles relativ zur Probe können mehrere Layoutebenen justiert zueinander belichtet werden. Im Rahmen der händigen Justiergenauigkeit der Proben im Substrathalter ist es so möglich, durch zwischen die Belichtungen eingeschobene Prozesschritte, dreidimensionale Strukturen herzustellen. Diese als Direct-Write benannte, justierte Mehrfachbelichtung benötigt für dreidimensionale Nanostrukturen jedoch Justiergenauigkeiten, die weit über die händige Fixierung der Proben in den Haltern hinausgeht [21].

2.1.1.2 Proximity Effekt

Treffen Elektronen auf eine Probe, so kommt es zur Wechselwirkung mit Resist und Substrat. Die Wechselwirkung kann in drei Effekte eingeteilt werden: Vorwärtsstreuung, Rückwärtsstreuung und Sekundärelektronenerzeugung. Jeder dieser drei Effekte führt in unterschiedlichem Maße dazu, dass Resistbereiche außerhalb des Zielbereiches einer Wechselwirkung mit Elektronen ausgesetzt sind. Die Deposition von Energie außerhalb des Zielbereiches ist grundsätzlich unerwünscht, denn dies kann zur Vergrößerung der belichteten Resiststrukturen, zur Verrundung der Resiststruktur nach dem Entwickeln, zur falschen Positionierung eng benachbarter Strukturen bis hin zum vollständigen Verschwinden kritischer Strukturen führen, die sich in unmittelbarer Nachbarschaft großer belichteter Bereich befinden. Die Wechselwirkungseffekte der Vorwärts- und Rückwärtsstreuung werden unter der Bezeichnung Proximityeffekt zusammengefasst. Der Proximityeffekt ist von allen Faktoren, die die kritischen Strukturgrößen in der hochauflösenden ESL limitieren, einer der Bedeutendsten und muss bei entsprechenden Auflösungen berücksichtigt werden.

Bei der Vorwärtsstreuung sorgen inelastische Stöße der eintreffenden Elektronen mit den Elektronenhüllen der Resistatome für eine Richtungs- und Energieänderung der freien Elektronen. Die abgegebene Energie kann das Resistatom anregen oder ionisieren und damit die Struktur einer Molekülkette ändern. Die Richtungsänderung der eintreffenden Elektronen führt zu einer Verbreiterung des Elektronenstrahles mit zunehmender Resisttiefe. Empirisch wurde folgender Zusammenhang des Elektronenstrahldurchmessers d_f (in nm) mit der Resisttiefe R_t (in nm) und der Beschleunigungsspannung V_b (in kV) gefunden [22]:

$$d_f = 0,9 \cdot \left(\frac{R_t}{V_b}\right)^{1,5} \qquad (2.1.3)$$

Es sei darauf hingewiesen, dass die Vorwärtsstreuung ursächlich für eine Molekülkettenänderung des Resistes (und damit für eine potentielle Entwicklung des Resistes) verantwortlich ist und daher in Kauf genommen werden muss. Typischerweise überschreitet die mittlere Weglänge der Elektronen im Resist die Resistdicke, sodass der größte Teil der einfliegenden Elektronen den Resist ohne Wechselwirkung durchdringt. Wird nur der Proximityeffekt betrachtet, muss die Vorwärtsstreuung im unter dem Resist liegenden Schichtaufbau nicht berücksichtigt werden, da es nicht mehr zu einer direkten Wechselwirkung der Elektronen mit dem Resist kommen kann. Indirekte Wechselwirkungen wie eine Schädigung oder Erwärmung des Substrates sind dagegen in der Lage die Resiststruktur zu beeinflussen.

Bei der Rückwärtsstreuung sorgen elastische Stöße der Elektronen mit den Atomkernen für eine Änderung der Elektronenflugrichtung um mehr als 90 °. Grundlage für die Berechnung des differentiellen Wirkungsquerschnittes ist die Rutherford- bzw. bei Berücksichtigung der Spinwechselwirkung die Mottstreuung. Die Ordnungszahl des Festkörpers geht dabei quadratisch in den Wirkungsquerschnitt ein. Spielt die Rückwärtsstreuung im Resist auf Grund der üblicherweise niedrigen Nukleonenzahl keine Rolle, muss sie im vergleichsweise schwereren und dickeren Substrat in Betracht gezogen werden.

2.1.1.3 Doppelgaußmodell

Entscheidend für solche Maßnahmen, die die negativen Auswirkungen des Proximityeffektes korrigieren wollen, ist das Wissen um die Energiedichteverteilung einer Punktbelichtung im Resist. Der Energieeintrag an einer Stelle x des Resistes lässt sich mit Wissen der Energiedichteverteilung dann als Summe der Energieeinträge aller Belichtungspunkte an der Stelle x bestimmen. Aufgrund der unterschiedlichen Anteile der Vor- und Rückwärtsstreuung kann die Energiedichteverteilung um eine Punktbelichtung im Resist als Summe von zwei Gaußverteilungen betrachtet werden [23].

$$f(r) = \frac{1}{1+\eta}\left(\frac{1}{\pi\cdot\alpha^2}\cdot e^{-\frac{r^2}{\alpha^2}} + \frac{\eta}{\pi\cdot\beta^2}\cdot e^{-\frac{r^2}{\beta^2}}\right) \qquad (2.1.4)$$

r gibt dabei die radiale Entfernung vom Belichtungspunkt an, α den Streubereich der Vorwärtsstreuung und β den Streubereich der Rückwärtsstreuung wider. η ist das Verhältnis von rückwärts- zu vorwärtsgestreuter Energie. Die Parameter α, β und η dieses auch als Point Spread Function (PSF) bezeichneten Zusammenhanges sind von Beschleunigungsspannung, Substrat und Resist abhängig und können simulativ bestimmt werden. Das Modell ist radialsymmetrisch, unabhängig von Dosis und Position und berücksichtigt keine Tiefenabhängigkeit. Für Siliziumsubstrate mit einer dünnen Resistschicht ($\sim$ 50 nm) ist α bei einer Beschleunigungsspannung von 100 kV im Bereich von einigen Nanometern, während β Werte um die 30 μm animmt. Bei geringeren Beschleunigungsspannungen und gleicher Resistdicke kommt es zu einer Verringerung des Rückstreuungsparameter β auf etwa 9 μm. Die Vorwärtsstreuung ändert sich gemäß Formel 2.1.3 mit der Resistdicke. Bei 100 kV und 3 μm Resist beträgt die Strahlaufweitung im Resist etwa 150 Nanometer. Grundsätzlich ändert sich das Verhältnis rück- zu vorwärtsgestreuter Elektronen bei steigenden Beschleunigungsspannungen zugunsten der rückgestreuten Elektronen, bei konstanter Spannung und zunehmender Resistdicke ändert sich das Verhältnis zugunsten der vorwärtsgestreuten Elektronen.

2.1.1.4 Korrekturmethoden

Wird jeder Belichtungspunkt einer beliebigen Struktur einer gleichen Dosis ausgesetzt, so kommt es aufgrund des Proximityeffektes zu einem positionsabhängigen Energieeintrag in den Resist. Die Strukturmitten erhalten z. B. wegen der sie umgebenden Belichtungspunkte einen höheren

Energieeintrag als Strukturkanten oder -ecken. Um den Energieeintrag an den zu belichtenden Stellen möglichst homogen zu halten, wurden verschiedene Korrekturverfahren entwickelt. Da in der hochauflösenden ESL meist 50 oder 100 kV Systeme mit dünnen Lackschichten zum Einsatz kommen, konzentrieren sich die meisten Korrekturverfahren darauf, den Einfluss der rückgestreuten Elektronen zu berücksichtigen.

Eine einfache aber nicht immer handhabbare Methode ist die Verwendung mehrerer Lackschichten. Die Grundidee ist die, dass eine unter dem Primärlack liegende zweite Resistschicht die Elektronen absorbiert ohne einen nennenswerten Beitrag an Rückstreuelektronen zu erzeugen. Diese zweite Resistschicht muss entsprechend dick sein und dennoch einen Strukturübertrag aus der Primärschicht zulassen.

Eine andere Methode zielt darauf ab, die Rückstreuung nicht zu verhindern sondern über den gesamten Resist hinweg anzugleichen. Dabei wird das Substrat einem zweiten Lithografieschritt mit inversem Belichtungslayout, angepasstem Strahldurchmesser und einer, sowohl von der ursprünglichen als auch von η abhängigen, kleineren Dosis unterzogen [24].

Ein weiteres Verfahren nutzt auf dem Doppelgaußmodell basierende Algorithmen zur Bestimmung und Korrektur des Energieeintrages. Der Energieeintrag in einen Resist besteht aus einer Faltung von PSF und Dosis D, beide sind ortsabhängig.

$$E(x,y) = PSF(x,y) \star D(x,y) \qquad (2.1.5)$$

Bei der Betrachtung des Gesamtenergieeintrages an einem Belichtungspunkt $B(x,y)$ muss daher über die Energiebeiträge am Ort (x,y) aller Belichtungspunkte summiert werden:

$$E_i(x,y) = \sum_{j=1}^{N} PSF_{i,j} \cdot D_j \qquad (2.1.6)$$

Löst man dieses Gleichungssystem erhält man den proximity-korrigierten Energieeintrag an jeder Belichtungsstelle und hat nun zwei Möglichkeiten den ortsabhängigen Energieeintrag mit dem Belichtungslayout in Übereinstimmung zu bringen. Eine Möglichkeit ist, das zu belichtende Layout dahingehend zu ändern, dass nach Berücksichtigung des Proximityeffektes das ursprüngliche Layout herauskommt. Diese „Formkorrektur" hat den Vorteil, dass die Dosis während der Belichtung nicht geändert werden muss. Die zweite Möglichkeit ist, die Dosis für jeden Belichtungspunkt anzupassen. Dies führt in der Praxis dazu, dass beispielsweise Strukturränder eine höhere Dosis erhalten als die Strukturmitten. Da die Dosis über den Verbleib des Elektronenstrahles auf dem Belichtungspunkt, d.h. die Frequenz, gesteuert wird, ist sie nach unten beschränkt.

2.1.1.5 Resistmodell

Während die Dosis ein reiner Maschinenparameter ist, hängt der Energieeintrag u.a. von Dicke und Art des Lackes ab. Bezüglich der Unterschiede im Löslichkeitsverhalten belichteter Bereiche zu unbelichteter Bereiche werden die Lacke in Positiv- und Negativlacke eingeteilt. In einem Positivlack weisen die belichteten Flächen eine höhere Löslichkeit gegenüber einem Entwicklungsmedium auf als die unbelichteten. Bei einem Negativlack verhält sich der Sachverhalt umgekehrt. Ursache für eine Änderung der Löslichkeit sind durch Elektroneneinfall induzierte Kettenbrüche, Vernetzungen oder chemische Reaktionen im Resist. Ein Entwickler ist dann dadurch gekennzeichnet, dass er zwischen dem ursprünglichen Molekulargewicht und dem durch die Belichtung geänderten Molekulargewicht unterscheidet. Im Fall eines Positivresists besteht zwischen fragmentiertem Molekulargewicht M_f und ursprünglichem Molekulargewicht M_n folgender Zusammenhang [25]:

$$M_f = \frac{M_n}{1 + g \cdot \varepsilon \cdot \frac{M_n}{\rho \cdot A_0}} \tag{2.1.7}$$

mit ρ = Resistdichte (in g/cm³), A_0 = Avogadrozahl, g = einem von der chemischen Zusammensetzung des Resistes abhängiger Parameter (in 1/eV) und ε = absorbierte Energiedichte (in eV/cm³). Die absorbierte Energiedichte hängt im Allgemeinen von der Strahlenergie, der Lackdichte, vom Substrat und der Geometrie des Belichtungsfeldes ab und ist eine Funktion der Resisttiefe t:

$$\varepsilon = \frac{Q \cdot E}{q \cdot R_g} \cdot \lambda(t) \qquad (2.1.8)$$

mit Q = einfallende Ladung pro Einheitsfläche, q = Elektronenladung, E = Energie der einfallenden Elektronen in kV. R_g[in cm] ist ein Maß für die Eindringtiefe der Elektronen in den Resist und hängt von Elektronenenergie E (in keV) und Resistdichte ρ [in g/cm³] ab:

$$R_g = \frac{4,6 \cdot 10^{-6} \cdot E^{1,75}}{\rho} \qquad (2.1.9)$$

$\lambda(t)$ wird Tiefe-Dosis Funktion genannt und ist von der Form eines Polynoms dritten Grades mit den experimentellen Koeffizienten $\sigma_0 - \sigma_3$ [26]:

$$\lambda(t) = \sigma_0 + \sigma_1 \cdot \frac{t}{R_g} + \sigma_2 \cdot \left(\frac{t}{R_g}\right)^2 + \sigma_3 \cdot \left(\frac{t}{R_g}\right)^3 \qquad (2.1.10)$$

In Abbildung 2.1.3 sind die absorbierte Energiedichten in Abhängigkeit der Eindringtiefe der Elektronen in den Resist für Beschleunigungsspannungen zwischen 5 und 30 kV sowie die R_g Werte aufgezeigt. Für hohe Beschleunigungsspannungen, kleine Resistdicken oder eine Kombination aus beidem kann die Tiefenabhängigkeit der absorbierten Energiedichte vernachlässigt werden. Da der Entwicklungsprozess auf unterschiedlichen Löslichkeiten der Molekulargewichte beruht, ist die Kenntnis der Löslichkeitsrate ein entscheidender Parameter zur Wahl eines geeigneten Lack-Entwickler-Systems.

Die Löslichkeitsrate S bei einem gegebenen Entwickler hängt dabei vom Molekulargewicht und der Temperatur ab [25]:

$$S = \left(S_0 + \frac{\gamma}{M_f^{\theta}}\right) \cdot e^{\frac{-E_A}{k_B \cdot T}} \qquad (2.1.11)$$

Dabei sind S_0, γ und θ Entwicklungsparameter, E_A ist eine experimentell bestimmbare Aktivierungsenergie und T die Temperatur. Um einen möglichst scharfen Übergang zwischen entwickelten und nicht entwickelten

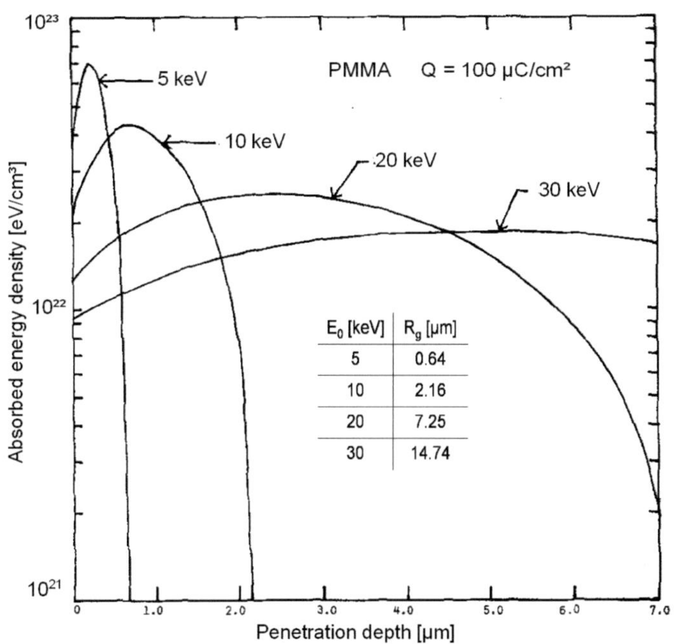

Abbildung 2.1.3: Abhängigkeit der absorbierten Energiedichten von der Eindringtiefe in den Resist für unterschiedliche Beschleunigungsspannungen nach [25].

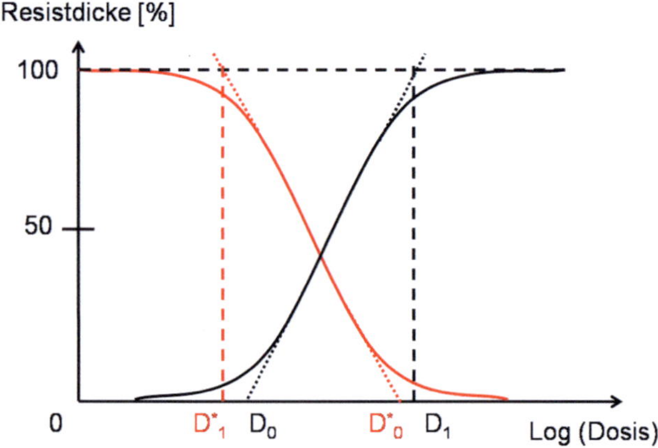

Abbildung 2.1.4: Verbleibende Resistdicke nach der Entwicklung in Abhängigkeit der Dosis für ein Positivresist (rot) und einen Negativresist (schwarz). D_1^* bzw. D_0 geben dabei die Empfindlichkeit des Resistes an, D_0^* und D_1 die jeweiligen Dosen zur Durchentwicklung einer Resistschicht.

Bereichen zu erhalten, ist eine möglichst scharfe Löslichkeitsratenänderung zwischen ursprünglichem und fragmentiertem Molekulargewicht wünschenswert. Zu jedem Resist-Entwickler-System gibt es einen Dosisbereich, in welchem der Resist nur teilweise herausgelöst wurde. Je kleiner dieser Dosisbereich ist desto höher ist der Kontrast dieses Systems. Abbildung 2.1.4 veranschaulicht den Kontrast als Maß für die Steigung der Kontrastkurve. Hier ist die nach der Entwicklung verbleibende Resistdicke eines Positivresist in der Farbe rot, die Resistdicke eines Negativresistes in Abhängigkeit der Dosis in Schwarz aufgetragen.

2.1.1.6 PMMA

Ein weit verbreiteter und auch in dieser Arbeit verwendeter Lack für die ESL ist Polymethylmethacrylat (PMMA). Er entsteht durch die Polymerisation des monomeren Methacrylsäuremethylesters und wurde Ende der

$$-[CH_2-\underset{\underset{\underset{CH_3}{|}}{\underset{O}{|}}}{\overset{\overset{CH_3}{|}}{\underset{\underset{O}{\|}}{C}}}]-[CH_2-\underset{\underset{\underset{CH_3}{|}}{\underset{O}{|}}}{\overset{\overset{CH_3}{|}}{\underset{\underset{O}{\|}}{C}}}]-[CH_2-\underset{\underset{\underset{CH_3}{|}}{\underset{O}{|}}}{\overset{\overset{CH_3}{|}}{\underset{\underset{O}{\|}}{C}}}]-$$

Abbildung 2.1.5: Chemische Struktur von PMMA.

1960er Jahre als Positivresist für die ESL entdeckt [27]. Das Monomer hat ein Molekulargewicht von 100 g/mol und kann als Polymer ein Molekulargewicht von mehreren Tausend kg/mol erreichen. Als Resist werden üblicherweise die kommerziell erhältlichen Molekulargewichte von 496 und 950 kg/mol verwendet. Bei einer Belichtung mit Elektronen kommt es am häufigsten zu einer Abspaltung der Seitengruppe ($OCOCH_3$), damit zu einer Doppelbindung $C-CH_2$ und damit zu einem Bruch der Polymerkette mit einer für Positivresists charakteristischen Verringerung des Molekulargewichtes. Die Belichtungsdosen liegen dabei in der Größenordnung von 10^{-4} C/cm². Bei einer etwa 10fachen Überhöhung der Dosis kommt es dagegen zu einer Vernetzung, PMMA verhält sich dann wie ein Negativresist [28].

Um PMMA für die ESL nutzen zu können, müssen gleichmäßige Schichten mit einer Dicke zwischen einigen zehn Nanometern und einigen Mikrometern auf eine Probe aufgebracht werden. Dazu wird PMMA in Anisol oder Chlorbenzol gelöst und mit Hilfe eines Spincoaters auf ein Substrat aufgeschleudert. Es stellt sich eine Schichtdicke ein, die abhängig ist von der Drehrate des Spincoaters, dem Feststoffgehalt der Resistlösung, dem Molekulargewicht des Resistes, dem Substrat, der Temperatur und der Luftfeuchtigkeit. Das Lösemittel wird anschließend durch Wärmeeintrag über eine Hotplate oder einen Ofen verdunstet. Der Feststoffgehalt der in dieser Arbeit verwendeten PMMA Lacke variiert zwischen 1 % und 11 %. Der Vorteil von PMMA gegenüber vielen anderen ESL Lacken besteht in der Kombination von hoher Auflösung und Vielseitigkeit, bei gleichzeitig einfacher Handhabung.

Das weitverbreiteste Entwicklermedium für PMMA ist Methylisobutylketon (MIBK). MIBK diffundiert thermisch in den Resist ein und löst die entwickelten PMMA Bereiche. Zwischen festem Resist und Entwicklerflüssigkeit kommt es zur Ausbildung einer gelartigen Zwischenschicht, wobei der osmotische Druck zwischen Entwicklermedium und Gel den Übertritt der gelösten Resistmoleküle bewirkt. MIBK gewährleistet einen hohen Kontrast und ist in seiner reinen Form ein starkes Lösungsmittel für PMMA, sodass ebenso nichtbelichtete Bereiche, wenn auch in schwächerer Form, gelöst werden können. Um diesen Dunkelabtrag zu verhindern, kann MIBK mit Isopropanol (IPA) verdünnt werden. Andere Keton/Alkohol-Gemische sowie reines IPA oder Wasser/IPA Mischungen können ebenfalls als Entwickler für PMMA verwendet werden. Dabei hängen Sensitivität, Kontrast, Dunkelabtrag und Oberflächenrauheit zum Teil stark vom Entwicklungsmedium und den Entwicklungsparametern wie Zeit und Temperatur ab [29–33].

In dieser Arbeit wird eine Mischung aus MIBK und IPA in den Verhältnissen 1:1 und 1:3 verwendet. MIBK:IPA 1:1 steht als Entwickler in einer Sprühentwicklungsanlage zur Verfügung und gewährleistet damit eine hohe Prozessreproduzierbarkeit, während für dünne Schichten das einen besseren Kontrast bietende Verhältnis von 1:3 verwendet wurde.

2.2 Ionenätzen

Zum Übertrag einer lithografisch erzeugten Resiststruktur in ein Funktionsmaterial werden üblicherweise zwei Verfahren eingesetzt. Im Lift-off Verfahren wird das gewünschte Material auf die Resistmaske aufgebracht und der Resist dann selektiv zum Funktionsmaterial entfernt. Die Deposition kann dabei durch Bedampfen, Sputtern, bei Anwesenheit einer leitfähigen Startschicht auch durch Galvanotechnik oder andere Depositionsmechanismen erfolgen. Man erhält auf diese Weise ein negatives Abbild der Resiststruktur.

Die zweite Möglichkeit ist, die Resiststruktur über Ätzprozesse in ein darunter liegendes Schichtsystem zu übertragen. Eine Inversion der Strukturen muss hierbei nicht berücksichtigt werden, da die Topografie der Resistmaske direkt in das Funktionsmaterial übertragen wird. Es gibt eine Vielzahl von Ätzprozessen, die sich hinsichtlich der zwei wichtigsten Verfahrensparametern, der Selektivität und der Direktionalität, unterscheiden. Bei nasschemischen Verfahren wird die strukturierte Probe einem Tauchbad ausgesetzt. Aufgrund der kleinen mittleren Weglänge ätzaktiver Teilchen in einer Flüssigkeit ist der Ätzangriff grundsätzlich isotrop. Ausnahmen sind Ätzchemikalien, die bei einkristallinen Proben eine bestimmte Kristallorientierung bevorzugt abtragen, wie etwa Kaliumhydroxid (KOH) bei Silizium. Dank einer rein chemischen Ätzkomponente ist die Selektivität der nassätzenden Verfahren sehr gut. Unterschreiten die zu übertragenden Strukturen eine kritische Größe oder ist ein anisotropes Ätzprofil gewünscht, muss jedoch ein gerichtetes Ätzverfahren verwendet werden. In einem gerichteten Ätzverfahren muss die Bewegung der abtragenden Teilchen eine Vorzugsrichtung aufweisen d. h. sie müssen gerichtet beschleunigt werden können und die mittlere freie Weglänge sollte nicht kleiner als der Abstand Probe zu Teilchenquelle sein. Als abtragende Teilchen können inerte Ionen, reaktive Ionen und reaktive Radikale verwendet werden.

Bei allen Ionenätzverfahren werden die abtragenden Teilchen über beschleunigte, freie Elektronen erzeugt, die wiederum in einem Plasma generiert werden. Herzstück aller plasmagestützten Ionenätzanlagen ist eine Vakuumkammer mit zwei parallel gegenüberstehenden Kondensatorplatten, die mit den zu ionisierenden Gasen gefüllt werden kann. Die untere Platte trägt das Substrat und wird mit einer Wechselspannung der Frequenz 13,56 MHz beaufschlagt (rf-Leistung). Da sich die Frequenz des Wechselfeldes zwischen den Kondensatorplatten über der Plasmafrequenz der Ionen aber unterhalb der Plasmafrequenz der Elektronen befindet, kommt es zur Ionisierung der ursprünglich neutralen Gasmoleküle. Die freien Elektronen haben eine gegenüber den Ionen erhöhte Temperatur, das Plasma befindet sich daher nicht im thermischen Gleichgewicht. Die mittlere Elektronentemperatur ist kleiner als die für eine Ionisierung oder Dissoziierung notwendige Energie, doch führt die Energieverteilung der Elektronen im Plasma zu einer Untermenge an Elektronen mit einem für die weitere Teilchenerzeugung ausreichenden Impuls.

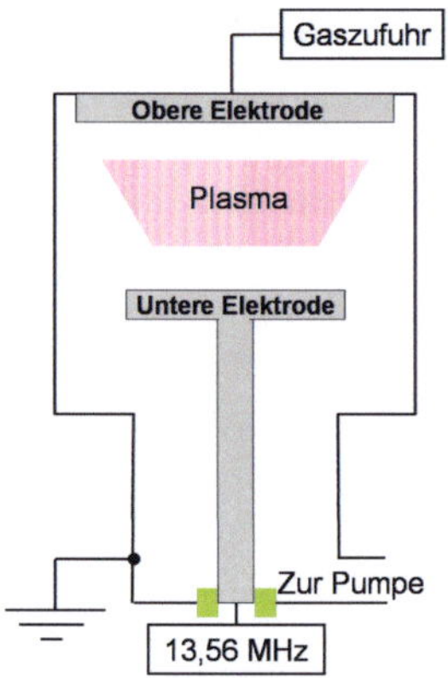

Abbildung 2.2.1: Schema eines typischen Parallelplattenreaktors. Die untere Elektrode wird mit dem Substrat beladen. Über Öffnungen in der oberen Elektrode können die Ätzgase eingelassen werden.

Bei jeweils unterschiedlichen Elektronenenergien führen Elektron-Stoß-Ionisation, Elektron-Stoß-Dissoziation und dissoziativer Elektroneneinfang zur Bildung von gasspezifischen Ionen und Radikalen. Die höhere Beweglichkeit der Elektronen führt zu einer positiven Aufladung des Plasma gegenüber dem Substrat, da ein Teil der Elektronen von den Kondensatorplatten und den geerdeten Kammerwänden eingefangen wird. Das entstehende elektrische Feld zwischen Plasma und Substrat führt zu einer Beschleunigung positiv geladener Teilchen in Richtung Substrat. Die Beschleunigungsspannung ist dabei umso höher je größer die eingekoppelte Leistung ist. Eine Erhöhung der Ionisierungsdichte führt also unweigerlich zu einer höheren Selbstaufladung und damit zu einer höheren Beschleunigungsspannung. Zum anisotropen Abtrag dünner Schichten ist dieser Effekt nicht störend, koppelt aber hohe Ätzraten an hohe rf-Leistungen und ist für isotrope Ätzprozesse, bei welchen eine hohe Teilchendichte mit geringer kinetischer Energie kombiniert werden muss, nur bedingt geeignet. Um diesen Nachteil zu kompensieren kann die kapazitiv eingekoppelte Energie über Hochfrequenzfelder, die von außen induktiv in den Rezipienten eingekoppelt werden, ergänzt werden. Diese sogenannten ICP (Inductive Coupled Plasma) Quellen erlauben es, den Ionisierungsgrad weitestgehend unabhängig von der Biasspannung zu erhöhen.

Kommt es zum Kontakt der Teilchen mit dem Substrat, treten je nach Energie verschiedene Oberflächeneffekte auf. Bei Teilchenenergien über 100 eV können Atome aus dem Festkörperverbund durch Sputtern herausgelöst werden. Grundlage des Sputterprozesses ist ein Impulsübertrag auf Atome des Oberflächenmaterials, der in einer Stoßkaskade weitere Kollisionen nach sich zieht. Führt eine solche Stoßkaskade zu einem von der Oberfläche fortweisenden Impulsübertrag an ein oberflächennahes Atom, kann dieses den Festkörper verlassen. Die Austrittswahrscheinlichkeit hängt hierbei von der kinetischen Energie und Masse der einfallenden Teilchen, sowie der Bindungsenergie des Festkörpers ab.

Bei Energien zwischen 10 und 100 eV ist es für das einfallende Teilchen möglich, Moleküle in kleinere Bestandteile zu fragmentieren. Die kinetische Energie wird dabei in innere Energie umgewandelt, die zum Aufbrechen der Bindung führt.

Bei Energien unterhalb von 10 eV kommt es zur physikalischen und chemischen Adsorption der Teilchen an der Oberfläche. Adsorptionsreaktionen sind exothermisch, wobei die Bindungen der physikalisch adsorbierten Teilchen im Wesentlichen auf Van-der-Waals Kräften beruhen, wohingegen die chemisch adsorbierten Teilchen die elektronische Struktur innerhalb des Adsorbats ändern und damit Van-der-Waals Bindungen der Stärke 4-40 kJ/mol um etwa eine Größenordnung übertreffen. Der erst bei Energien über 1000 eV auftretende Effekt der Implantation spielt bei typischerweise verwendeten Biasspannungen bis etwa 500 V keine Rolle.

Grundsätzlich können beim plasmagestützten Ionenätzen zwei Ätzmechanismen unterschieden werden, der physikalische und der chemische Ätzangriff. Beide Ätzmechanismen favorisieren unterschiedliche Ätzprofile. Während ein rein chemischer Ätzangriff keine Vorzugsrichtung aufweist, ist es mit einem physikalischen Angriff nur möglich parallel zum Teilchenstrom zu ätzen. Der Anteil beider Ätzmechanismen kann über die Anlagenparameter in einem weiten Bereich eingestellt werden. Dabei ergeben sich aber wichtige Ätzparameter wie Selektivität, Ätzrate oder Ätzprofil nicht einfach durch anteilige Superposition der Parameter der reinen Ätzmechanismen, sondern zeigen im Gegenteil teils komplizierte, nichtlineare Abhängigkeiten. So liegt z.B. die Ätzrate von Silizium bei der Verwendung von XeF_2 (rein chemisch) in Kombination mit einem Argonionenstrahl (rein physikalisch) um etwa den Faktor 10 höher als die Ätzrate der jeweiligen reinen Ätzmechanismen [34].

Der chemische Ätzangriff auf einer Oberfläche läuft dabei in drei Schritten ab:

1. Ein reaktives Radikal wird adsorbiert

2. In der Reaktion mit der Oberfläche entsteht das Ätzprodukt

3. Das Ätzprodukt wird desorbiert und über den Druckgradienten dem Gasauslass zugeführt

Ursache für den physikalischen Ätzmechanismus sind Ionen, die mit einer gerichteten Geschwindigkeit auf das Substrat auftreffen. Moleküle und Atome werden aus dem Festkörperverbund gesputtert und führen zu einem anisotropen Ätzprofil. Daneben führen die beschleunigten Ionen aber auch zu weiteren parameterbeeinflussenden Effekten auf der Oberfläche:

- Die Dissoziation auf der Oberfläche wird begünstigt

- Die Rauheit wird erhöht und führt damit zu einem erhöhten Adsorptionsvermögen

- Die kinetische Energie der einfallenden Ionen kann Ätzvorgänge forcieren/ermöglichen und die Desorption der Reaktionsprodukte beschleunigen

- Auf der Oberfläche neutralisierte Ionen stehen als mögliche Reaktionspartner zur Verfügung

Desweiteren führt der Ionenbeschuss in der Nähe von Strukturkanten zur Ausbildung von Gräben, also lokal erhöhten Ätzraten. Ursachen für diese Grubenbildung ist eine Reflexion der Ionen an schrägen Seitenwänden oder der schräge Einfall auf senkrechte Wände aufgrund anziehender Kräfte zwischen Maske und Ionen [35, 36].

Oft möchte man die Vorteile des chemischen Ätzmechanismus wie gute Selektivität und Ätzrate nicht missen und dennoch ein senkrechtes Ätzprofil erhalten. Der Schlüssel hierin besteht in einer kombinierten physikalisch-chemischen Ätzung mit einem Ätzgas, das eine Passivierung der Oberflächen ermöglicht. Die Passivierung schützt dabei die passivierten Flächen vor einem chemischen Ätzangriff. Die Grundflächen sind, anders als die Seitenwände, dem physikalischen Ätzmechanismus ausgeliefert, können daher keine Passivierungsschicht ausbilden und unterliegen damit dem zusätzlichen chemischen Ätzangriff. Die Passivierung der Seitenwände erfolgt dabei in der Regel über das Ätzgas selbst, über Ätzprodukte des Substrates oder der Maske. Auch eine Redeposition nicht-flüchtigen Substrat- oder Maskenmaterials ist möglich.

Ebenso zu berücksichtigen ist die Struktur des Substrates, genauer gesagt die Anordnung und Größe der maskierten Fläche zur freien Fläche des Substrates. Ist bei der bisherigen Betrachtung die Ätzrate über die gesamte Fläche des Substrates hinweg als konstant anzusehen, können zusätzliche, auf die Maske zurückzuführende Effekte zu einer lokal unterschiedlichen Ätzrate führen. So werden große Flächen grundsätzlich langsamer abgetragen als kleine, da der Ätzmechanismus durch die Verfügbarkeit reaktiver Spezies beschränkt wird und diese auf großen Flächen einem erhöhten Verbrauch unterliegen. Der gleiche Mechanismus führt dazu, dass kleine Strukturen in der unmittelbaren Nähe großer Ätzflächen eine geringere Ätzrate aufweisen als Strukturen, in deren Umgebung kein Verbrauch reaktiver Teilchen stattfindet. Diesen meist unerwünschten Effekten kann begegnet werden, indem die Pumpleistung erhöht wird, so dass überall annähernd die gleiche Menge an Reaktanden zur Verfügung steht, indem das Ätzgas verdünnt wird oder indem die Ätzung immer wieder unterbrochen wird, sodass die Reaktionsprodukte gleichmäßig abgeführt werden können.

Mit steigendem Aspektverhältnis dominiert ein anderer Effekt, der unter dem Namen ARDE (Aspect Ratio Dependent Etching) bekannt ist. Je kleiner die Maskenöffnung im Verhältnis zur Strukturtiefe ist desto wahrscheinlicher ist es, Reaktanden an die Seitenwände zu verlieren. Dies führt zu einer geringeren Konzentration reaktiver Spezies auf der Grundfläche und damit zu sinkender Ätzrate bei steigendem Aspektverhältnis [37].

Zur Realisierung einer plasmabasierten Ätzung gibt es eine Vielzahl von Systemen, die sich durch Ätzart, Bauart, Größe und Leistungsfähigkeit unterscheiden. Verschiedene Anwendungen in Industrie und Forschung bedürfen ebenso verschiedener Systeme mit Schwerpunkten z. B. im Durchsatz, in der Probengröße oder in einem bestimmten Materialsystem.

In dieser Arbeit wird eine reaktive Ionenätzanlage der Firma Oxford Instruments mit der Typenbezeichnung "Plasmalab 100 ICP 380" verwendet. Dabei bezeichnet "Plasmalab 100" ein modular aufgebautes Cluster-Tool, dessen Besonderheit eine von der Ätzkammer hermetisch abdichtbare Schleusenkammer ist. Der Zusatz "ICP" weist auf die Möglichkeit hin, die Plasmadichte induktiv zu erhöhen. "380" ist der Durchmesser einer keramischen Röhre in Millimeter, in der über umgebende Spulen das ICP-Plasma erzeugt wird. Je größer der Durchmesser, desto gleichförmiger ist das Plasma und desto gleichmäßiger können Ätzprozesse in verschiedenen Abständen vom Waferzentrum wirken. Ein Durchmesser von 380 mm ist dabei für eine gleichmäßige Ätzrate bei der Verwendung von Wafern mit einer Größe bis zu 200 mm dimensioniert [38].

Die Proben werden in der Form von Wafern über die Transferschleuse in die Ätzkammer transportiert und dort mit einem Quartzklemmring fixiert. Im Falle von kleineren Probenstücken werden diese mit Perfluorpolyether (FOMBLIN®) auf den Wafer aufgebracht. Perfluorpolyether ist ein Öl aus Fluor, Kohlenstoff und Sauerstoff, das in einem dünnen Film eine Haftung zwischen Probenstück und Wafer bewirkt. Es ist ätzresistent, temperaturbeständig, vakuumtauglich und wärmeleitfähig und eignet sich daher gut für den Einsatz in der Ätzkammer [39]. Der mit dem

Klemmring fixierte Wafer kann rückseitig über einen Heliumfluss auf Elektrodentemperatur gebracht werden. Die Temperaturregelung erfolgt je nach gewünschtem Temperaturbereich mit flüssigem Stickstoff oder mit einer Ethylglykol/Wasser basierten Flüssigkeit, wobei letztere nur für Anwendungen im Raumtemperaturbereich vorgesehen ist [40]. Als Ätzgase stehen Argon, Sauerstoff, Schwefelhexafluorid, Chlor, Bortrichlorid und Trifluormethan zur Verfügung. Wichtige Parameter wie Gasflüsse, Kammerdruck, Temperatur oder Biasspannung werden in Echzeit gemessen und in regelmäßigen Abständen in einer log-Datei gespeichert.

Bei der Entwicklung eines trockenchemischen Ätzprozesses müssen eine Vielzahl von Parametern aufeinander abgestimmt werden. Die wichtigsten sind:

- Art des Ätzgases

- Temperatur

- Ätzzeit

- RF-Leistung

- ICP-Leistung

- Druck

Das **Ätzgas** sollte mit dem zu ätzenden Material eine bei Prozessbedingungen flüchtige Bindung eingehen können. Je reaktionsfreudiger das Ätzgas in Bezug auf die abzutragende Schicht ist, desto höher ist die Ätzrate. Bei der Verwendung von inerten Ätzgasen ist die Ätzrate in der Regel geringer, der Abtragsmechanismus ist rein physikalisch. Ein chemischer Beitrag zum Ätzvorgang führt zu einem isotropen Ätzanteil, der sich meist in der Form von schrägen Seitenwänden niederschlägt. Sofern der isotrope Beitrag unerwünscht ist, können manchmal die Seitenwände passivierende Gaszusätze eingebracht werden.

Eine Erhöhung der **Temperatur** führt zu einem schnelleren Ablauf chemischer Reaktionen sowie zu einer Verringerung der für die Austrittsarbeit benötigten Energie und damit letztlich zu einer Erhöhung der Ätzrate und ggf. zu einer Änderung des Ätzprofils. Außerdem hängen der

Dampfdruck der Ätzprodukte und die Redeposition an den Seitenwänden von der Temperatur ab.

Mit der **Ätzzeit** wird festgelegt, wie lange eine Probe dem Plasma ausgesetzt ist. Eine oft zugrunde gelegte Proportionalität zwischen Ätzzeit und Ätztiefe gilt nur für hinreichend lange Ätzprozesse, die Ätzrate ist am Anfang eines jeden Ätzprozesses meist geringer. Die Gründe dafür liegen im Zündvorgang des Plasmas, in einer dünnen und ätzresistenteren Oxidschicht auf den meisten Materialien und darin, dass es einige Zeit braucht bis sich eine Gleichgewichtstemperatur in dem von unten gekühlten und von oben besputterten Substrat eingestellt hat.

Eine Erhöhung der **RF-** und **ICP-Leistung** führt zu einer steigenden Anzahl von reaktiven Teilchen in der Kammer, zu einer Erhöhung der entstehenden Beschleunigungsspannung und damit zu einem Anstieg der Ätzrate. Der Anstieg ist allerdings durch die Menge des vorhandenen Ätzgases limitiert, es können nicht mehr Teilchen ionisiert werden als Gasmenge vorhanden ist.

Der **Druck** wird über die Pumpleistung und den Gasfluss bestimmt. Er wirkt direkt auf die mittlere freie Weglänge und damit auf die kinetische Energie der Teilchen. Bei typischem Druck von etwa 10 µbar beträgt die mittlere freie Weglänge $\sim$ 10 mm. Eine große freie Weglänge begünstigt einen energiereichen, senkrechten Einfall auf das Substrat und damit ein anisotropes Ätzprofil. Im Hinblick auf die Ätzrate führt eine Erhöhung des Druckes zunächst zu einem größeren Angebot an Reaktanden und damit zu einer erhöhten Abtragsrate. Gleichzeitig führt eine Druckerhöhung aber auch zu einer Abnahme der freien Weglänge und mit der damit einhergehenden Streuung auch zu einer Abnahme der Abtragsrate, sodass ab einem gewissen Gleichgewichtsdruck dieser Mechanismus dominiert und die Ätzrate mit steigendem Druck wieder abnimmt.

2.3 Depositionsverfahren

Die Deposition dünner Schichten hat für die Mikro- und Nanotechnologie eine herausragende Bedeutung. Werden die lateralen Strukturgrößen durch die Strukturierungsverfahren bestimmt, muss die nicht weniger wichtige vertikale Dimension, also die Strukturhöhe, über die abgeschiedene Schichtdicke festgelegt werden. Zusätzlich beeinflusst das Depositionsverfahren entscheidende Volumengrößen wie Reinheit, Kristallinität, Stoffzusammensetzung oder Gitterfehler und damit das gesamte Verhalten der Struktur. Auch die bei Mehrschichtsystemen wichtige Haftung der Lagen zueinander kann oftmals durch eine geeignete Wahl des Depositionsverfahrens verbessert werden. Elementare Depositionsverfahren sind die (bisweilen plasmaunterstützte) chemische Gasphasenabscheidung, die Molekularstrahlepitaxie und das Ionenplattieren. Die in dieser Arbeit verwendeten Methoden des Verdampfens, der Kathodenzerstäubung (Sputtern) und der Galvanotechnik werden im Folgenden vorgestellt.

2.3.1 Verdampfen

Beim Verdampfen wird das aufzubringende Material in einem Tiegel in die Nähe des Siedepunktes erhitzt und verdampft. Einige Zentimeter entfernt vom Tiegel befindet sich das kältere Substrat, auf dem der Dampf kondensieren und somit eine Schicht ausbilden kann. Tiegel und Substrat befinden sich im Hochvakuum, einerseits um die Verdampfung zu forcieren, andererseits um Stöße zwischen den verdampften Teilchen und damit mögliche Reaktionen zu minimieren. Das Aufheizen des Tiegelmaterials kann mit verschiedenen Mitteln erreicht werden:

- Widerstandsheizung: Ein um den Tiegel laufender Heizdraht wird über einen Strom erhitzt.

- Induktive Heizung: Ein elektrisch leitfähiger Tiegel oder das Material selbst wird über das Hochfrequenzfeld einer Induktionsspule aufgeheizt.

- Laserinduzierte Verdampfung: Ein gepulster Laserstrahl hoher Energie wird vom Target absorbiert und führt pro Puls zu einer definierten Menge an verdampftem Material.

- Elektronenstrahlverdampfung: Freie Elektronen aus einer Glühkathode werden über ein Magnetfeld auf das Target geführt und erhitzen das Tiegelmaterial lokal.

Die Abscheidung von Legierungen erfolgt aufgrund des unterschiedlichen Dampfdrucks der Legierungselemente meist in separaten Tiegeln, deren Temperatur unabhängig voneinander geregelt werden kann.

2.3.2 Sputtern

Ähnlich wie die Verdampfung findet der Sputterprozess in einer Hochvakuumkammer statt, in dem sich Substrat und Target in einigen Zentimetern Entfernung gegenüberliegen. Substrat und Target werden nun allerdings als Elektroden kontaktiert, in deren Zwischenraum ein Edelgas, üblicherweise Argon, eingelassen wird. Beim Aufsputtern von Metallen wird zwischen den Elektroden ein Gleichfeld aufgebaut, das zur Ionisation der Argonatome führt. Die Argonionen werden auf das negativ geladene Target zubeschleunigt und schlagen dort einzelne Atome oder Moleküle heraus. Die herausgeschlagenen Targetteilchen fliegen nun auf das Substrat zu und kondensieren dort. Nachteil dieses Verfahrens ist die geringe Abscheiderate, die sich durch die Verwendung eines Magnetfeldes teilweise kompensieren lässt. Beim sogenannten Magnetronsputtern führt ein inhomogenes, magnetisches Feld in Nähe der Targetfläche zu einer spiralförmigen Elektronenbahn anstatt eines geradlinigen Verlaufs. Der längere zurückgelegte Weg der Elektronen führt damit zu einer erhöhten Ionendichte und damit zu einem erhöhten Abtrag an Targetmaterial, der sich in höheren Abscheideraten auf dem Substrat widerspiegelt. Der dem Dampfen grundsätzlich unterlegenen Sputterdepositionsrate stehen einige Vorteile gegenüber:

- Das Targetmaterial muss nicht in die Schmelzphase übergehen, somit lassen sich auch hochschmelzende Materialien aufbringen.

- Die gegenüber der Verdampfung höhere kinetische Energie der Teilchen führt zu einem Sputterabtrag schwach gebundener Teilchen auf der Substratoberfläche und damit zu haftfesteren Schichten.

- Mit einer kurzzeitigen Umpolung der Elektroden vor Prozessbeginn kann eine Säuberung und Aufrauhung der Probe aufgrund des Sputterangriffs erreicht werden.

2.3.3 Galvanotechnik

Die elektrochemische Abscheidung basiert auf einem Stromkreislauf, dessen wichtigster Aspekt der in einem Elektrolyten stattfindende Ionentransfer von einer Anode zur Kathode ist. Dabei wird die zu beschichtende Probe als Kathode geschaltet, auf der sich die Elektrolytionen dann durch Reduktion anlagern können. Vorraussetzung für die Reduktion ist daher die Verwendung einer elektrisch leitfähigen Startschicht. Die Vorteile einer galvanischen Abscheidung liegen insbesondere in den hohen Abscheidungsraten, den gemäßigten Prozesstemperaturen der Elektrolytbäder und der einfachen Änderung der Materialzusammensetzung durch Kontrolle der Elektrolytinhalte.

Wird ein Metall einem Elektrolyten ausgesetzt, so führt der elektrolytische Lösungsdruck zur Entstehung von Metallionen im Elektrolyten. Die Valenzelektronen verbleiben dabei im Metall und es kommt zu einem metallspezifischen Potentialunterschied zwischen Lösung und Festkörper. Dem Lösungsdruck steht der osmotische Druck gegenüber, bei der die Metallionen über die Aufnahme von Elektronen wieder zu einem Atom reduziert werden. Es kommt solange zu einer Aufladung des Metalles, bis osmotischer Druck und Lösungsdruck gleich sind.

Die polaren Wassermoleküle bilden eine Hydratschicht um die in Lösung gegangenen, metallischen Kationen aus, die aufgrund ihrer Ladung zur Kathode wandern und dort zur Entstehung einer elektrischen Doppelschicht beitragen. In der Modellvorstellung von Helmholtz bildet die Doppelschicht einen Kondensator mit der Metalloberfläche einerseits und den Ladungsschwerpunkten der Kationen andererseits als stationäre, sich gegenüberstehende Ladungsebenen, zwischen denen das Potential linear abfällt. Die Schichtdicke der Helmholtzschen Schichten reicht dabei von 0,1 nm in Metallen bis hin zu einigen Nanometern in der Lösung. Eine Verfeinerung des starren Helmholtzmodelles lieferten Gouy und Chapman, die die thermische Bewegung der Moleküle berücksichtigten [41]. Die der Lösung zugewandte Ladungsebene lässt sich nicht mehr durch einen fixierten Abstand zur Metalloberfläche definieren, sondern erstreckt sich diffus über mehrere Moleküllagen in die Lösung hinein. Entsprechend verläuft das Potential zwischen Metall und Lösung nicht mehr linear, sondern exponentiell. Otto Stern kombinierte beide Modellvorstellungen in der Annahme sowohl einer starren als auch einer diffusen Schicht [42].

Zur Neutralisierung der Ionen und deren Einbau in die kristallografische Struktur ist eine von außen angelegte Spannung zwischen den Elektroden nötig. Eine von außen angelegte Spannung führt jedoch innerhalb des Elektrolyten zur Entstehung einer Polarisation, die dem beabsichtigten Stromfluss entgegenwirkt. Die Polarisation kann verschiedene Ursachen haben, die beiden wichtigsten sind:

- Durchtrittspolarisation. Die Ionen erfahren beim Durchtritt in das Metall gewisse Hemmungen, wie die Neutralisierung der adsorbierten Ionen durch Elektronen an der Phasengrenze Metall/Elektrolyt oder Übergang des Atoms in das Kristallgitter der Elektrode.

- Diffusionspolarisation. Innerhalb des Elektrolyten entsteht ein Konzentrationsgefälle, das darauf beruht, dass der Ionentransport nicht so schnell abläuft wie der Ionenverbrauch an der Elektrode.

Die von außen angelegte Spannung muss also einen gewissen Schwellenwert überschreiten. Dieser ist unter anderem abhängig vom Metallpotential, der Temperatur, der Elektrolytbewegung, der Oberflächenbeschaffenheit und dem ohmschen Widerstand des Elektrolyten zwischen den Elektroden.

Hat das Metallion die Helmholtzschicht überwunden und tritt in den Festkörper ein, so lagert es sich an der energetisch günstigsten Stelle ab. Ausgezeichnet sind solche Stellen mit hoher spezifischer freier Oberflächenenergie wie ein bereits existierender Nukleus, Ecken oder Kanten der wachsenden Schichtebenen. Trifft ein Metallatom keine ausgezeichnete Stelle, kann es zur Bildung eines neuen Keimes kommen, welcher bevorzugt an Fehlstellen oder Ecken des Kristallgitters entsteht.

Einen wesentlichen Einfluss auf das Schichtwachstum hat der Stofftransport, dessen Prozesse sich in drei Kategorien einteilen lassen:

1. Migration. Ladungsträger erfahren in einem elektrischen Feld eine Kraft. Mit steigender Geschwindigkeit erhöhen sich die Reibungskräfte zwischen den Ionen und dem Elektrolyten, sodass es zu einer konstanten Bewegung der Ionen in Richtung der Feldlinien kommt.

2. Diffusion. Konzentrationsunterschiede führen zu einem Stofftransport von Bereichen hoher Konzentration zu Bereichen niedrigerer Konzentration. Ursache ist ein statistischer Nettofluss thermisch bewegter Teilchen in Regionen niedrigerer Konzentration.

3. Konvektion. Temperaturunterschiede im Elektrolyten oder erzwungene Elektrolytbewegung aufgrund eines Rührfisches führen zu einem konvektiven Stofftransport.

Sind in der Regel alle drei Prozesse am Stofftransport beteiligt, kann es doch zu variierenden Anteilen der Prozesse kommen, die sich letztlich in einer Variation der aufgewachsenen Schichtdicke niederschlagen. In der Mikrogalvanotechnik werden üblicherweise metallisierte Wafer mit Resist bedeckt, strukturiert und einem Elektrolytbad ausgesetzt. Abhängig von der Größe und Anordnung der Resiststrukturen kann es dann lokal zu einer unterschiedlichen Feldliniendichte und damit auch zu einer lokal unterschiedlichen Migration der Ionen kommen. Grundsätzlich ist die Feldliniendichte am Rande des Wafers höher, sodass dort ein erhöhtes Schichtwachstum beobachtet werden kann. Eine weitere Variation der Schichthöhe kann bei Resiststrukturen mit hohem Aspektverhältnis auftreten. Der konvektive Transport ist bei solchen Gebilden gegenüber flachen Topografien stark eingeschränkt, sodass der Ionentransport hier fast ausschließlich durch Diffusion und Migration erfolgen muss [43–45].

2.4 Aktorprinzipien

Zur Umsetzung eines Signals in eine Kraft oder einen Stellweg braucht es ein Umwandlungselement, das als Aktor bezeichnet wird. Dabei kann das

Eingangssignal eines Aktors meist auf elektrische Impulse zurückgeführt werden, seltener werden Änderungen anderer physikalischer Größen wie z. B. der Temperatur, des Druckes oder des pH-Wertes direkt genutzt. Sofern nicht die Energie des Eingangssignals genutzt wird, braucht es zur Bewegungserzeugung eine Hilfsenergiequelle. Ein Beispiel eines Aktors mit Hilfsenergie ist ein Muskel, der über das Gehirn einen elektrischen Impuls zur Kontraktion bekommt und diesen Impuls in eine Bewegung umwandelt. Als Energiesteller dient hier die chemische Energie der Muskelzellen.

Je nach Art der Energieumwandlung können Aktoren entsprechend ihrem Umwandlungsprinzip kategorisiert werden. Grob lassen sich sechs Kategorien identifizieren: Elektrische, magnetische, thermische, mechanische, optische und chemisch/biologische Aktorprinzipien, wobei viele Aktoren auf Effekten aus mehreren Kategorien basieren. Die den Festkörperaktoren zugrunde liegenden physikalischen Effekte werden im Folgenden kurz vorgestellt. Anwendungen zu den jeweiligen Aktorprinzipien finden sich z. B. in [46–48], detaillierte Beschreibungen zu Formgedächtnisaktoren in [49].

2.4.1 Piezoelektrizität

Der piezoelektrische Effekt beschreibt das Enstehen einer Spannung an den gegenüberliegenden Enden eines Festkörpers, wenn dieser elastisch verformt wird. Ursache ist eine unterschiedliche Verschiebung der Ladungsschwerpunkte des Kristallgitters, wodurch sich eine spannungserzeugende Dipolstruktur ausbildet. Piezoelektrizität tritt nur bei bestimmten Materialien auf. Diese müssen nichtleitend sein und ihre Kristallstruktur darf kein Symmetriezentrum besitzen. Bekannte Materialien sind z.B. Quarz und Blei-Zirkonat-Titanate. Für aktorische Anwendungen interessant ist der inverse piezoelektrische Effekt, der in erster Näherung eine elastische Verformung nach Anlegen einer Spannung benennt. Dabei zieht eine Längenänderung immer auch eine entgegengesetzte Dickenänderung des Werkstoffs nach sich. Tritt bei einer Spannung die Längenänderung parallel zum elektrischen Feld auf, spricht man vom inversen, longitudinalen Effekt, bei einer Längenänderung senkrecht zur Feldrichtung dagegen vom transversalen Effekt. Die piezoelektrische Verformung S in Abhängigkeit eines elektrischen Feldes E kann über den Verzerrungstensor d beschrieben werden.

$$S_i = \sum_{j=1}^{6} d_{ij} \cdot E_j \qquad (2.4.1)$$

Dabei bezeichnen i,j drei kartesische Achsen, sowie die Rotation um dieselben. Allerdings kommt es in der Praxis zur Ausbildung einer mit der Spannung größer werdenden Verformungshysterese, die bei Bedarf durch Anlegen einer Gegenspannung ausgeglichen werden muss. Piezoelektrische Aktoren gibt es in einer Vielzahl an Bauformen, üblich sind Dickenschwinger, Querdehnelemente und Biegewandler. Vorteile des piezoelektrischen Effektes sind gute Miniaturisierung, große Unempfindlichkeit gegenüber Magnetfeldern, hohe Wegauflösung und Langzeitstabilität. Demgegenüber stehen hohe Betriebsspannungen (mehrere kV), kleine Stellwege, Hysterese, Drift und eine beschränkte Anzahl an meist spröden Werkstoffen.

2.4.2 Elektrostatik

Elektrostatische Kräfte entstehen immer dort, wo ruhende elektrische Ladungen einem elektrischen Feld ausgesetzt sind. Die Kraft des Feldes auf eine Ladung wird durch die Coulombkraft beschrieben:

$$F = E \cdot q \qquad (2.4.2)$$

Bei sich gegenüberstehenden Platten unterschiedlicher Polung ergibt sich durch das Coulombgesetz eine Anziehung beider Platten, die abhängig ist von der Fläche der Platten, ihrem Abstand, dem Potentialunterschied und dem Medium zwischen den Platten. Sind die Platten zueinander versetzt, so führt die direkte Anziehung zu einer zusätzlichen Kraftkomponente senkrecht zur Plattennormalen. Ähnlich wie bei piezoelektrischen Aktoren benötigen elektrostatische Aktoren meist hohe

Spannungen, um kleine Stellwege zu erreichen. Die Kraft wirkt nur anziehend und es besteht die Gefahr eines Spannungsdruchbruches. Dafür besteht zusätzlich zur hohen Wegauflösung eine gute Temperaturstabilität und ein leistungsarmer Betrieb.

2.4.3 Elektrodynamik

Die elektrodynamische Bewegungserzeugung basiert auf der Kraft, die bewegte Ladungsträger in einem magnetischen Feld erfahren. Diese nach dem niederländischen Physiker Hendrik Lorentz benannte Kraft wird in der Aktorik insbesondere dazu genutzt, stromdurchflossene Elemente einer Kraft auszusetzen. Die Kraft ist dabei proportional zur Ladung, zur Geschwindigkeit der Ladung und zur Stärke des Magnetfeldes und wirkt senkrecht zur Bewegungsrichtung der Ladungen.

$$\vec{F} = q \cdot (\vec{v} \times \vec{B}) \qquad (2.4.3)$$

In einem vom Strom I durchflossenen Leiter der Länge l gilt mit $v = \frac{l}{t}$ und $q = I \cdot t$ die Beziehung:

$$F = I \cdot l \cdot B \cdot sin\alpha \qquad (2.4.4)$$

Wobei t die Zeit der Ladungen im Leiter und α der Winkel zwischen Leiter und Magnetfeld ist.

2.4.4 Magnetostatik

Magnetostatische Kräfte wirken zwischen Magneten und magnetischen Feldern, die von Permanentmagneten oder stationären Strömen erzeugt werden. Die grundlegenden Beziehungen zwischen Feldern, Ladungen oder Strömen werden durch die Maxwellgleichungen beschrieben. Im Falle von zeitunabhängigen Feldern vereinfachen sich die Maxwellgleichungen für die magnetische Flussdichte $\vec{B}$ zu:

$$\vec{\nabla} \cdot \vec{B} = 0 \qquad (2.4.5)$$

und

$$\vec{\nabla} \times \vec{B} = \mu_0 \cdot \vec{j} \qquad (2.4.6)$$

Auch bei langsamen Änderungen des elektrischen Feldes kann noch die Magnetostatik verwendet werden, da der Term $\mu_0 \cdot \vec{j}$ über den Veschiebungsstrom $\mu_0 \cdot \varepsilon_0 \cdot \frac{\partial E}{\partial t}$ dominiert. Formel 2.4.5 bezeichnet dabei die Quellenfreiheit magnetischer Felder und damit die Nichtexistenz magnetischer Monopole. Die Beziehung 2.4.6 stellt die Entstehung eines magnetischen Feldes in Anwesenheit bewegter Ladungen dar. Aus beiden Gleichungen kann das Gesetz von Biot-Savart hergeleitet werden, das die Stärke eines Magnetfeldes um einen stromdurchflossenen Leiter angibt.

$$B(\vec{r}) = \frac{\mu_0}{4 \cdot \pi} \cdot \int dV' \vec{I} \times \frac{\vec{r} - \vec{r}'}{|\vec{r} - \vec{r}'|^3} \qquad (2.4.7)$$

Solange nicht nur der leere Raum betrachtet wird, müssen die Maxwellgleichungen auf Materie ausgeweitet werden. Dazu wird die magnetische Feldstärke definiert als:

$$\vec{H} = \frac{\vec{B}}{\mu_0} - \vec{M} \qquad (2.4.8)$$

Damit wird Gleichung 2.4.5 und 2.4.6 zu:

$$\vec{\nabla} \cdot \vec{H} = -\vec{\nabla} \cdot \vec{M} \qquad (2.4.9)$$

und

$$\vec{\nabla} \times \vec{H} = \vec{j} \qquad (2.4.10)$$

Hier ist $\vec{M}$ die Magnetisierung, die den magnetischen Zustand eines Materials angibt. Sie ergibt sich aus der Summe der einzelnen magnetischen Momente der beteiligten Teilchen dividiert durch deren eingenommenes

Volumen. Da sich das magnetische Moment eines Atoms im Wesentlichen aus dem Spin seiner Elektronen ableiten lässt, tragen nur Elemente mit halbbesetzten Orbitalen ein nennenswertes Moment. In der Regel sind die Richtungen der magnetischen Momente willkürlich verteilt, sodass an einem Festkörper keine Gesamtmagnetisierung beobachtet wird. Ist ein Material dagegen einem magnetischen Feld ausgesetzt, kommt es zu makroskopischen Magnetisierungserscheinungen, die sich abhängig von der Kopplung der magnetischen Momente in verschiedene Kategorien einteilen lassen. Während dia-, ferri- oder antiferrimagnetische Materialien aufgrund ihrer verschwindenden oder geringen Gesamtmagnetisierung für magnetostatische Aktorprinzipien eine untergeordnete Rolle spielen, bilden para- und ferromagnetische Stoffe unter Einfluss eines externen Feldes einen makroskopischen magnetischen Dipol aus, der zur Kraftwirkung genutzt werden kann.

In Paramagneten richten sich voneinander unabhängige Momente entlang der Feldlinien aus und verstärken so das Feld im Inneren. In Ferromagneten sind die magnetischen Momente innerhalb sogenannter "Weißschen Bezirke" parallel gekoppelt, sodass sich beim Anlegen eines Feldes die Weiß´schen Bezirke entlang des Feldes ausrichten. Während die thermische Bewegung bei Paramagneten für eine Deorientierung der Momente nach Abschalten des externen Feldes sorgt, bleiben bei Ferromagneten die magnetischen Domänen unterhalb der Curietemperatur weitestgehend ausgerichtet und führen so zu einer dauerhaften Magnetisierung des Materials ohne externes Feld. Die Stärke der Magnetisierbarkeit in einem externen Feld wird über die magnetische Suszeptibilität χ beschrieben, die im einfachen Fall eine Proportionalitätskonstante zwischen $\vec{H}$ und $\vec{M}$ ist. In Paramagneten ist die Suszeptibilität immer größer als Null, sodass für die Flussdichte in einem Paramagneten mit Gleichung 2.4.8 gilt:

$$\vec{B} = \mu_0 \cdot (\vec{H} + \vec{M}) = \mu_0 \cdot \vec{H} + \mu_0 \cdot \chi \cdot \vec{H} = \mu_0 \cdot \vec{H} \cdot (1 + \chi) \qquad (2.4.11)$$

Für magnetostatische Aktoranwendungen relevant ist die Kraft des magnetischen Feldes auf ein magnetisiertes Objekt. Unter Annahme einer gleichmäßigen Magnetisierung ist diese proportional zu dem Produkt aus

Volumen, Magnetisierung und der Divergenz des Magnetfeldes:

$$\vec{F} = \mu_0 \cdot \vec{M} \cdot V \cdot \vec{\nabla}\cdot\vec{H} \qquad (2.4.12)$$

Die Wirkung eines magnetischen Feldes auf einen Paramagneten lässt sich also folgendermaßen zusammenfassen: Das Feld am Ort des magnetisierbaren Materials führt zu einer Magnetisierung des Stoffes, der daraufhin eine Kraft erfährt. Da die Richtung des externen Feldes auch die Richtung der Magnetisierung vorgibt, ist die resultierende Kraft immer anziehend und wirkt in Richtung des höchsten Feldgradienten. Da die Suszeptibilität bei Paramagneten nur wenig größer als Null ist, sind die wirkenden Kräfte im Allgemeinen sehr klein. Größere Kräfte benötigen größere Suszeptibilitäten, die wiederum ein Kennzeichen ferromagnetischer Materialien sind. Legierungen wie Nickeleisen erreichen Suszeptibilitäten > 100.000 und versprechen damit auf den ersten Blick um diesen Faktor höhere Kräfte. Eine genauere Betrachtung des Magnetisierungsverhaltens von Ferromagneten zeigt aber, dass ihre Suszeptibilität nicht als Proportionalitätskonstante zwischen B und M angesehen werden kann. Wird die Flussdichte eines Ferromagneten in Abhängigkeit des Magnetfeldes gemessen, kommt es zur Ausbildung eines charakteristischen Hysteresediagrammes wie es beispielhaft in Abbildung 2.4.1 zu sehen ist.

Ein zu Beginn der Magnetisierung linearer Verlauf zwischen H und B geht alsbald in eine Sättigungsflussdichte über (blauer Abschnitt). Dies bedeutet, dass auch eine weitere Erhöhung des Magnetfeldes keinen weiteren Anstieg der Magnetisierung nach sich zieht. Wird das Magnetfeld abgestellt, verbleibt im Ferromagneten eine Restmagnetisierung B_R, die als Remanenz bezeichnet wird (grüner Verlauf). Um den Magneten wieder zu demagnetisieren, muss ein Gegenfeld der Stärke H_C angelegt werden, das als Koerzitivfeld bezeichnet wird. Oft ist das Koerzitivfeld nicht genau bekannt, in diesem Fall kann die Demagnetisierung dadurch erfolgen, dass die Hysterese sehr oft durchlaufen wird, wobei die maximale Magnetfeldstärke bei jedem Durchlauf etwas geringer ausfällt. Die Sättigungsmagnetisierung guter Ferromagnete wie Nickeleisen liegt im Bereich von etwa 800 kA/m. Damit ist ersichtlich, dass bereits bei Feldstärken $\ll$ 800 A/m die maximale Magnetisierung erreicht ist. Entscheidend

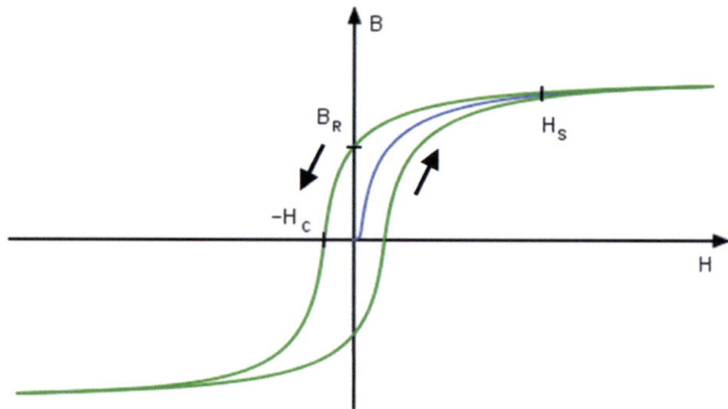

Abbildung 2.4.1: Hysteresediagramm eines Ferromagneten. Ab der Feldstärke H_S geht die Flussdichte in ihre Sättigung über. Weitere Charakteristika sind die Remanez B_R sowie das Koerzitivfeld H_C.

für die magnetostatische Kraftwirkung eines Feldes auf einen Ferromagneten ist also neben dem Feldgradienten seine Sättigungsmagnetisierung, die neben der Materialzusammensetzung auch von anderen Faktoren wie beispielsweise Kristallstruktur oder Temperatur abhängen kann.

2.4.5 Reluktanz

Analog zum elektrischen ohmschen Widerstand kann der magnetische Widerstand R_M als Quotient aus magnetischer Spannung U_M und magnetischem Fluss Φ beschrieben werden:

$$R_M = \frac{U_M}{\Phi} \tag{2.4.13}$$

Der auch als Reluktanz bezeichnete Widerstand hängt von der Suszeptibilität und der Geometrie des Materials ab und ist umgekehrt proportional zur Induktivität L eines magnetischen Kreises. Die gespeicherte Energie W in einem durch eine Spule mit der Stromstärke I magnetisierten Kreis beträgt:

$$W = \frac{1}{2} \cdot L \cdot I^2 \qquad (2.4.14)$$

Wird der magnetische Kreis z. B. durch einen Luftspalt unterbrochen, ändert sich der magnetische Widerstand des Kreises und damit die gespeicherte Energie. Ein magnetfeldführendes, bewegliches Element im Luftspalt ändert die Energie des Reluktanzkreises bei Veränderung seiner Ortskoordinate und kann so eine Kraft in Richtung dieser Koordinate erfahren:

$$F_x = \frac{\partial W}{\partial x} \qquad (2.4.15)$$

2.4.6 Magnetostriktion

Ähnlich wie beim inversen piezoelektrischen Effekt zeigen manche Materialien unter Einfluss eines magnetischen Feldes eine Längenänderung. Die Magnetostriktion beruht auf einer Ausrichtung der magnetischen Domänen parallel zum angelegten Feld und tritt daher vor allem bei ferromagnetischen Werkstoffen auf. Die maximale Längenänderung hängt bei magnetisch anisotropen Materialien von der Feldrichtung relativ zu den Kristallachsen ab und liegt bei den Übergangsmetallen im Bereich von einigen zehn µm/m. Bei hochmagnetostriktiven Werkstoffen basierend auf Terbium oder Dysprosium kann dieser Wert bis in den Promillebereich gehen. Vorteile magnetostriktiver Aktoren sind hohe Kräfte und Wegauflösung, kurze Reaktionszeiten und die gegenüber piezoelektrischen Materialien höheren Curietemperaturen. Nachteile sind kleine Stellwege, Hysterese, Ohmsche Verluste durch Magnetisierungsströme und temperaturabhängige Kennwerte.

2.4.7 Bimetall

Ein einfaches Prinzip eines thermisch betriebenen Aktors ist ein Streifen aus zwei übereinanderliegenden Materialien mit unterschiedlichem Ausdehnungskoeffizienten. Ändert sich die Temperatur, führt die unterschiedliche Längenänderung der Materialien zu einer Verbiegung des Bimetallstreifens.

2.4.8 Formgedächtniseffekt

Neben dem Phasenübergang eines Aggregatzustandes in den nächsten kann auch die Formänderung eines Materials innerhalb eines Aggregatzustandes wegen eines Phasenüberganges zur Aktuierung genutzt werden. Die Bezeichnung "Formgedächtniseffekt" beruht darauf, dass eine zuvor eingeprägte Form aufgrund eines meist thermisch induzierten Phasenüberganges wiederhergestellt werden kann, das Material sich also, anschaulich gesprochen, an seine frühere Form erinnert. Anders als beim Bimetalleffekt der rein thermischen Ausdehnung ändert sich die Form hier nicht kontinuierlich mit der Temperatur sondern erfolgt vollständig innerhalb eines definierten Temperaturintervalls.

Abhängig von der Art des Formgedächtnismaterials liegen der Gestalterinnerung verschiedene Mechanismen zugrunde. Man unterscheidet Formgedächtnislegierungen (FGL), -polymere und -keramiken.

- Formgedächtnislegierungen: Der Gedächtniseffekt beruht hier auf einer Gitterumwandlung einer Martensitstruktur in eine Austenitstruktur. Ein im Martensitzustand scheinbar elastisch verformter Körper kann über eine Temperaturerhöhung in die Austenitphase übergeführt werden. Dabei nimmt der Körper die in einer vorherigen Austenitphase eingeprägte Form wieder an. Da die Formänderung nur beim Erwärmen auftritt wird dieser Effekt Einweg-Effekt genannt. Durch gezielte Vorbehandlung kann in dem Material beim Abkühlen die Bildung bevorzugter Martensitvarianten begünstigt werden, wodurch auch bei einer Temperaturabsenkung die Bildung einer bestimmten Form ermöglicht wird (Zweiweg-Effekt). Oberhalb der für die Austenitphase benötigten Temperatur existiert ein Temperaturfenster, in dem die spannungsinduzierte Umwandlung des Austenits in den Martensit zur Bildung eines pseudoelastischen Verhaltens führt, das durch einen plastischen Spannungs-Dehnungs-Verlauf gekennzeichnet ist, beim Entlasten allerdings keine bleibende Dehnung hinterlässt.

- Formgedächtnispolymere bestehen meist aus zwei Komponenten, die für zwei spezifische Temperaturen, die Glasübergangstemperatur und die höhere Schmelztemperatur verantwortlich sind. Eine oberhalb der Schmelztemperatur eingeprägte Form kann bei einer Verformung unterhalb der Glasübergangstemperatur immer wieder durch Erhitzen über die Glasübergangstemperatur hergestellt werden. Grund ist das Aufweichen einer Komponente oberhalb der Glasübergangstemperatur, das die in der zweiten Komponente eingeprägte Gestalt in Form vernetzter Polymere wieder herzustellen ermöglicht.

- Formgedächtniskeramiken bestehen aus einer Heterostruktur aus kristallinem und amorphem Material. Eine bei hohen Temperaturen eingeprägte plastische Verformung der kristallinen Phase kann durch eine Erwärmung des Materials wiederhergestellt werden. Wird die Keramik bei niedrigen Temperaturen verformt und erhitzt, ermöglicht die gespeicherte elastische Energie der amorphen Phase ab einer bestimmten Temperatur das Versetzungsgleiten der kristallinen Phase und damit die Wiederherstellung der plastischen Verformung [50].

In Aktoranwendungen sind vor allem die FGL von Interesse. Die Vorteile von FGL-Aktoren sind hohe Energiedichten, eine hohe geometrische Vielfalt, eine gute Miniaturisierbarkeit und viele Bewegungsarten. Demgegenüber steht ein schlechter Wirkungsgrad, eine Temperaturhysterese bei der Umwandlung und eine durch die Wärmeabfuhr bedingte, eingeschränkte Dynamik.

2.4.9 Biologische Aktoren

Die komplette Bewegungserzeugung lebender Organismen beruht auf biologisch/chemischen Aktoren. Die bei einer Aktuierung freiwerdende Energie wird dabei entweder über Photosynthese oder Hydrolyse von Adenosintriphosphat bereitgestellt. Die technisch schwierige und in den Anfängen steckende Umsetzung biologischer Aktorprinzipien verspricht hohe Energiedichten bei kleiner Baugröße. Eine Reihe von Arbeiten nutzt z. B. die durch chemische Signale kontrollierbare Faltung von DNA-Strängen zur Aktuierung.

Alle hier vorgestellten Aktuierungsprinzipien können für makroskopische Aktoren verwendet werden und sind zum großen Teil bereits realisiert. Bei der Umsetzung der jeweiligen Aktorprinzipien im Mikro- oder Nanometerbereich müssen zusätzlich zu den vorgestellten Vor- und Nachteilen noch die Anforderungen an den Herstellungsprozess und der Ansteuerung bedacht werden. So ist beispielsweise die Erzeugung von Bimetallnanostrukturen aufgrund der großen Auswahl an Materialien einfacher als die Herstellung schwer zu strukturierender FGL-Nanoelemente. Desweiteren haben magnetostatische Prinzipien gegenüber elektromechanischen oder elektrodynamischen Aktuierungsprinzipien den Vorteil einer Ansteuerung, die ohne Sichtkontakt zum Bauelement, kabellos und die meisten Materialien durchdringend ist. Ein weiteres wichtiges Auswahlkriterium ist die Skalierung der Kraft- oder Energiedichte des jeweiligen Aktorprinzipes. Die Skalierung magnetischer Aktuierungprinzipien ist Teil des folgenden Kapitels.

Kapitel 3

Nanoaktorik

3.1   Stand der Technik

Die Bezeichnung "Aktor" ist ein Überbegriff, der sowohl nach verschiedenen Aktorprinzipien aufgeschlüsselt werden kann, als auch nach der Größe oder Herstellungstechnologie der relevanten, funktionserfüllenden Aktorelemente. Wird mit der Aktorik ganz allgemein das Gebiet der Kraft- und Bewegungserzeugung aus einem Eingangssignal bezeichnet, konzentriert sich die Nanoaktorik auf solche Aktoren, deren funktionsbestimmende Strukturen Abmessungen von einem Mikrometer deutlich unterschreiten.

Bei der Entwicklung von Nanoaktoren können zwei Konzepte unterschieden werden. Mit der kontinuierlichen Weiterentwicklung der in der Mikrotechnik verwendeten Schlüsseltechnologien können die Herstellungsprozesse in immer kleinere Dimensionen vordringen. Dieser Top-Down Ansatz beruht auf den in einem größeren Maßstab bereits erfolgreich etablierten Konzepten und nutzt die stetige Verbesserung mikrotechnischer Anlagen zur Skalierung der Mikroprozesse in den Nanobereich. Dieser Ansatz wurde und wird sehr erfolgreich z. B. in der Mikroelektronik eingesetzt, die es durch eine Skalierung der Transistoren bis heute schafft, der von Moore prophezeiten Miniaturisierung zu entsprechen.

Das zweite Konzept nutzt physikalische Phänomene, biochemische Reaktionen oder selbstorganisierende Prozesse auf elementarer oder molekularer Ebene, um aus dem Zusammenspiel dieser einzelnen Elemente ein den spezifischen Anforderungen entsprechendes System zu entwickeln. Da dieser Ansatz nicht auf einer Minimierung bereits vorhandener Bauteile beruht sondern auf dem Zusammenwirken kleinerer Untersysteme, wird er als Bottom-Up bezeichnet.

Gemäß ihrem Herstellungsprinzip ist der Übergang von Mikro- zu Nanoaktoren bei Verwendung des Top-Down Ansatzes fließend. Die meisten Arbeiten verwenden dabei den Bimetalleffekt. Ein Beispiel eines auf dem Bimetalleffekt basierenden Nanoaktors ist die 2009 veröffentlichte Arbeit eines Wolfram-Kohlenstoff Rundbalken. Dieser besteht aus mehreren 5 µm langen Segmenten mit einem Durchmesser von 400 nm und wird über einen fokussierten Ionenstrahl aus der Gasphase abgeschieden (Abb. 3.1.1). Das Heizelement dient gleichzeitig als Aktorverankerung und hat eine Größe von 100 x 10 x 50 µm³. Die reproduzierbare Auslenkung des äußersten Aktorendes steigt mit der Heizleistung auf einen Maximalwert von 600 nm, bei etwa einem Watt Heizleistung [51].

In weiteren Arbeiten wurde 2010 und 2011 der Bimetalleffekt an Polypyrrol- und Ni-Al-Drähten untersucht (Abb. 3.1.2). Die Polypyrroldrähte haben einen Durchmesser von 270 nm auf die eine 10 nm dicke Kupferschicht aufgedampft wurde. Bei einer Länge von etwa 14 µm und einem Temperaturunterschied von 100 K konnte eine Kraft von einem Nanonewton gemessen werden [52]. Der Durchmesser der Nickeldrähte betrug 270 nm und wurde mit einer 70 nm dicken Aluminiumschicht versehen. Bei einer Temperaturänderung von 295 K zu 675 K ergab sich eine Auslenkung von etwa 700 nm [53].

Auch die Aktuierung bedampfter Siliziumnanodrähte konnte nachgewiesen werden. Diese wurden auf ein Heizelement aufgebracht und mit einer 5 nm dicken Chromschicht versehen (Abb. 3.1.3). Die maximale Auslenkung betrug 1,52 µm bei einem Draht der Länge 3,66 µm und einer Heizleistung von 31,4 mW [54].

Ein Beispiel eines magnetischen Aktorprinzips besteht aus einem zu einer Helix verdrehten freien Balken aus einem Schichtverbund InGaAs/-GaAs/Cr (11/16/15 nm). Er hat eine Breite von 2,8 µm und wird an einem

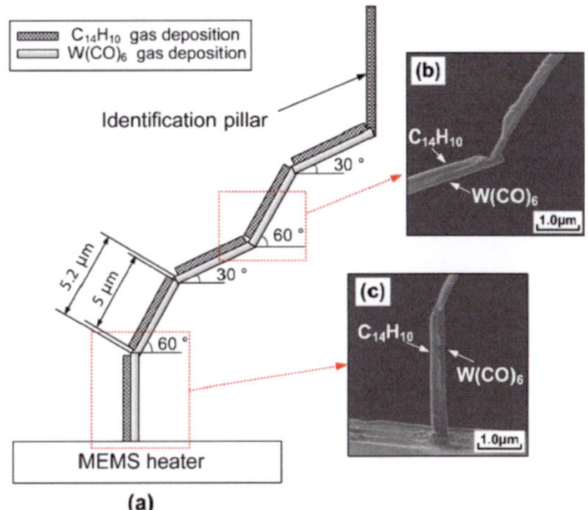

Abbildung 3.1.1: Bimetallaktor aus mehreren gekoppelten Elementen (a) Seitenansicht (b) und (c) REM-Teilansicht. Abbildung aus [51].

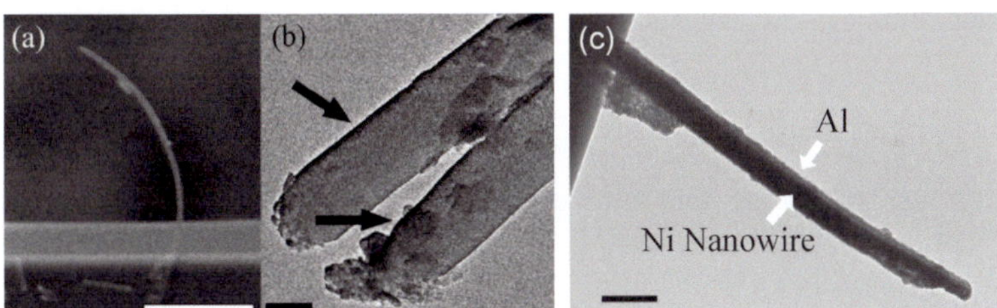

Abbildung 3.1.2: (a) Anfängliche Biegung eines Cu/Ppy-Drahtes im REM-Bild. Der Cu-Film befindet sich auf der Innenseite der Biegung. Die Skala beträgt 5 µm. (b) TEM-Aufnahme. Die Pfeile geben die Deposition einer 20 nm dicken Cu-Schicht an. Die Skala beträgt 200 nm. (c) TEM-Bild eines Ni-Al-Bimetall. Die Skala beträgt 500 nm. Abbildung (a) und (b) aus [52], (c) aus [53].

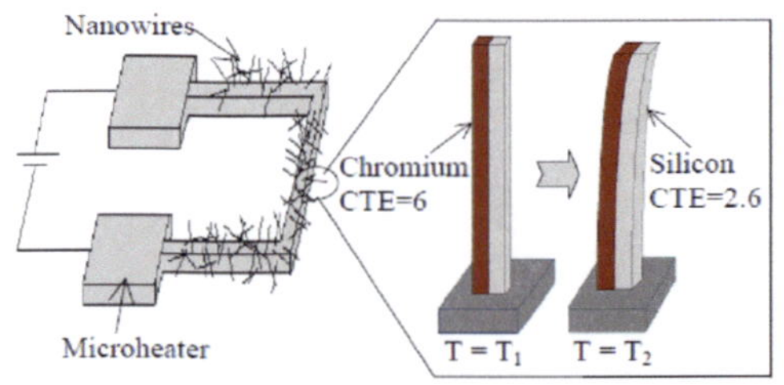

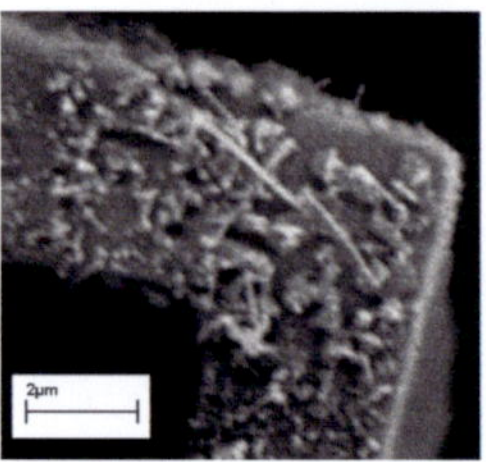

Abbildung 3.1.3: Links: Schema des Aktuierungsprozesses. Rechts: Ausschnitt in einer REM-Ansicht. Mittig existieren zwei Nanodrähte, die zur Aktuierung genutzt werden können. Abbildungen aus [54].

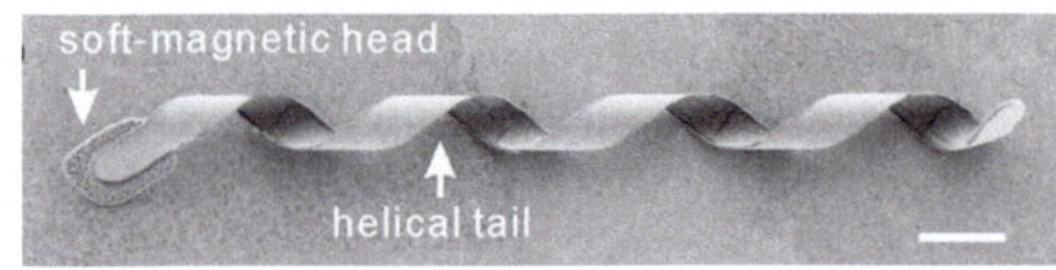

Abbildung 3.1.4: REM-Aufnahme eines zu einer Helix verdrehten Balken mit einem weichmagnetischen Vorderende aus [55]. Die Skala beträgt 4 µm.

Ende mit einer weichmagnetischen Nickelschicht versehen (Abb. 3.1.4). Über ein schwaches, rotierendes Magnetfeld kann eine Drehung induziert werden, die zu einer linearen Bewegung des Aktors in Flüssigkeiten führt. Für eine 38 µm lange Helix ergeben sich Geschwindigkeiten in Wasser zwischen 1 und 2 µm/s [55].

Arbeiten zu oszillierenden Nanoaktoren werden insbesondere von M. Roukes vorangetrieben. Ein elektrodynamisches Antriebsprinzip nutzt beispielsweise die Lorentzkraft auf doppelseitig eingespannte Si-Biegebalken um eine Anregung zu erreichen. Die Balken haben eine Breite und Höhe von mehreren hundert Nanometern bei einer Länge von 7,7 µm. Ein senkrecht zur Balkenausrichtung angelegtes Magnetfeld mit einer Stärke bis zu 7 Tesla führt zu Schwingungen der mit einem Wechselstrom beaufschlagten Brückenstrukturen (linkes Bild der Abb. 3.1.5). Die Resonanz-

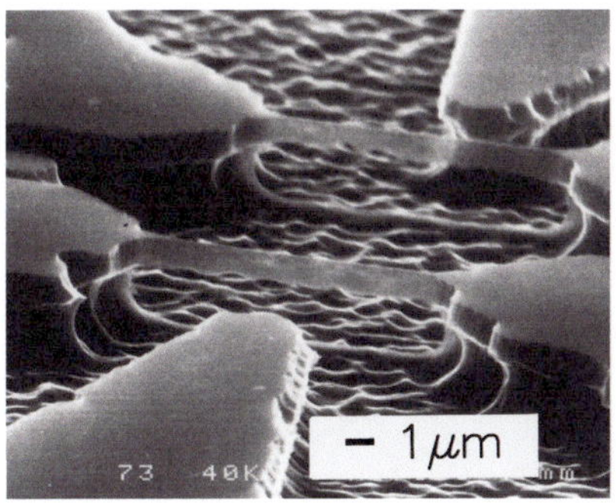
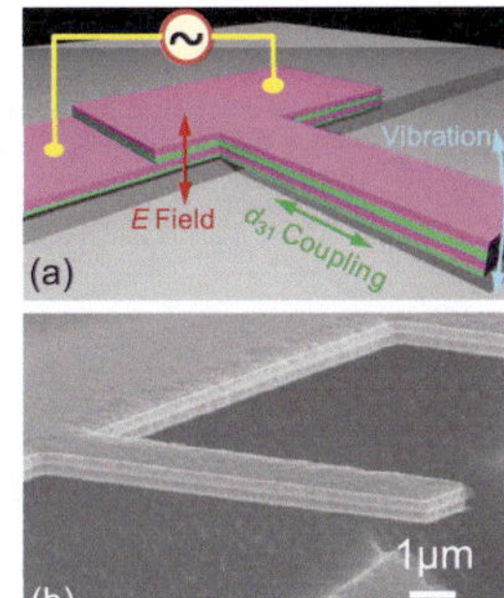

Abbildung 3.1.5: Links: REM-Aufnahme unterätzter Si-Balken mit einer Länge von 7,7 µm, einer Breite von 330 nm und einer Höhe von 800 nm. Abbildung aus [56]. Rechts: (a) Skizze des piezoaktorischen Nanobalkens aus [57]. (b) REM-Aufnahme eines Balkens mit dem erkennbaren Schichtaufbau aus AlN und Mo.

frequenzen reichen dabei von 400 kHz bis zu 120 MHz bei Q-Faktoren von 1000 bis mehreren Zehntausend [56].

Auch der Piezoeffekt kann zur Aktuierung von Balkenstrukturen genutzt werden. Ein Schichtaufbau aus Aluminiumnitrid und Molybdän kann über Wechselspannung zu Resonanz angeregt werden (Abb. 3.1.5 (a) und (b)). Kleinen Auslenkungen im sub-nm Bereich stehen hohe Frequenzen bis zu 80 MHz gegenüber [57].

Der Top-Down Ansatz stößt bei zunehmender Miniaturisierung irgendwann an seine physikalischen oder technologischen Grenzen. Es ist daher nicht verwunderlich, dass den kleinsten bisher realisierten Nanoaktoren ein Bottom-Up Ansatz zugrunde liegt. Bereits im Jahr 2000 erschien eine Arbeit über eine Art Pinzette, deren Zwingen aus DNA-Oligomeren bestehen. Abhängig von der Art eines weiteren, hybridisierenden DNA-Stranges konnte zwischen geöffnetem und geschlossenem Zustand geschaltet werden [58]. Die Energie zum Betrieb eines solchen Aktors wird dabei durch die Hybridisierung komplementärer DNA-Oligonekleotiden bereitgestellt [59]. Seit 2000 sind eine Vielzahl an DNA-

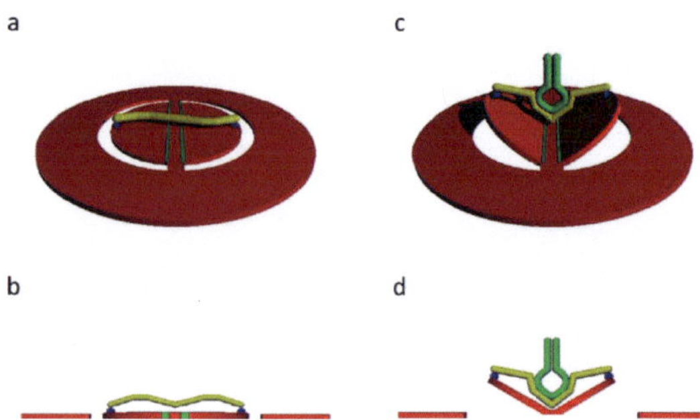

Abbildung 3.1.6: Schema des DNA-Nanoventils aus [62]. Der geschlossene Zustand in (a) geht über die Kontraktion des die Flügel verbindenden DNA-Einzelstrangs in den offenen Zustand über (c). (b) und (d) zeigen die Seitenansicht.

basierten Nanosystemen entwickelt worden. Eine Übersicht findet sich z. B. in [60]. Die Fragen nach fundamentalen mechanischen Eigenschaften wie Kräften, Bewegungsgeschwindigkeiten oder Stellwegen werden aber bisher nicht beantwortet.

2006 wurde am California Institute of Technology eine Methode entdeckt, DNA zu beliebigen zwei- oder dreidimensionalen Nanostrukturen zu falten [61]. Diese als DNA-Origami bezeichnete Methode wurde daraufhin von einer italienischen Gruppe dazu genutzt, ein DNA-basiertes Nanoventil herzustellen. Das an ein Schmetterlingsventil erinnernde Layout besteht aus einem DNA-Ring, in den eine klappbare DNA-Scheibe integriert ist. Die beiden Flügel der Scheibe sind über einen DNA-Einzelstrang miteinander verknüpft. Durch ein externes chemisches Signal in Form eines den Einzelstrang hybridisierenden Moleküls führt die daraus verursachte Kontraktion des Einzelstrangs zu einer Kraft auf die Flügel der Scheibe (Abb. 3.1.6). Diese falten sich zusammen und geben so ein detektierbares Loch frei. Die Bewegung ist reversibel und der Durchmesser der Scheibe beträgt 60 nm bei einer Höhe von etwa 2 nm, die Kräfte werden im Bereich von 10 pN vermutet [62].
Auch Kohlenstoffnanoröhrchen fanden Einzug in die Nanoaktorik.

Die Auslenkung mit Al beschichteter Kohlenstoffnanoröhrchen nach einer Temperaturänderung konnte 2009 nachgewiesen werden. Bei einem Röhrchendurchmesser von 100 nm mit 40 nm Aluminiumbeschichtung und einer Länge von etwa 5 µm ergaben sich Auslenkungen von 550 nm bei einer Temperaturänderung von 290 K auf 690 K (Abb. 3.1.7). Die höchste Kraft ergab sich zu etwa einem µN bei einem Durchmesser von 200 nm mit 60 nm Al-Beschichtung, einer Länge von 2,2 µm und einer Temperatur von 430 K [63].

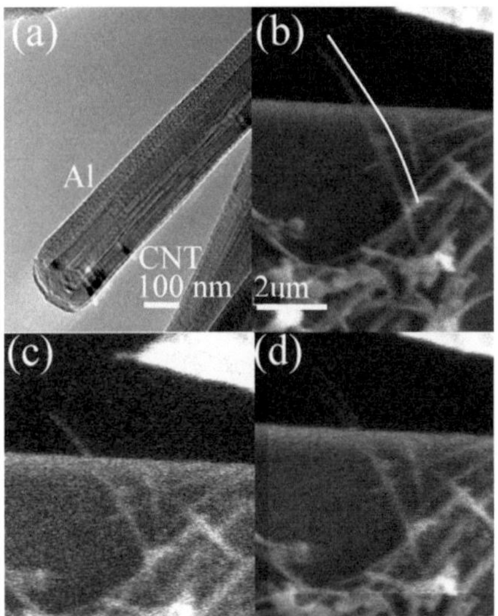

Abbildung 3.1.7: Mit Al beschichtete Kohlenstoffnanoröhrchen aus [63]. (a) TEM-Bild eines beschichteten Röhrchens. (b) REM-Bild eines Röhrchens bei 290 K. Weiß eingezeichnet ist die Länge des Röhrchens. (c) Wie (b) aber bei 690 K. (d) Überlagerung der Bilder (b) und (c). Die Auslenkung des Kohlenstoffnanoröhrchens ist erkennbar.

In Tabelle 3.1.1 sind Kräfte und Auslenkungen der verschiedenen nanoaktorischen Ansätze mitsamt der Aktorgröße und der benötigten Energie aufgelistet. Die Arbeiten [55–57] sowie die in [60] vorgestellten Ar-

Tabelle 3.1.1: Vergleich der Kenngrößen Kraft und Auslenkung gegenüber der Aktorgröße und der benötigten Energie.

Referenz	Kraft	Auslenkung	Volumen	Energie/Aufwand
[51]	-	600 nm	3,77 µm³	1 W
[53]	-	700 nm	1,63 µm³	$\triangle$T=380 K
[52]	1 nN	-	0,92 µm³	$\triangle$T=100 K
[54]	-	1,52 µm	0,02 µm³	31,4 mW
[62]	10 pN	$\backsim$ 40 nm	$1,6 \times 10^{-5}$ µm³	chemisch
[63]	1 µN	550 nm	0,08 µm³	$\triangle$T=400 K

beiten über DNA-basierte Molekularmotoren fanden in der Tabelle keine Berücksichtigung, da sie sich, wenn überhaupt, auf andere Aktorkenngrößen als den hier Vorgestellten berufen.

Während in der Mikroaktorik dank ausgereifterer Prozesstechnologien eine Vielzahl an verschiedenen Aktormechanismen wie Formgedächtniseffekt, Magnetostriktion, Piezoelektrizität oder pneumatische Prinzipien zum Einsatz kommen, nutzen die meisten nanoaktorischen Konzepte entweder den prozesstechnologisch vergleichsweise leicht kontrollierbaren Bimorpheffekt oder schwer zu charakterisierende DNA-basierte Ansätze. Nanoaktoren mit kleinsten Abmessungen verspricht der Einsatz von Kohlenstoffnanoröhrchen, Ziel muss es hier sein, eine reproduzierbare Fertigung gleicher Aktoren zu gewährleisten.

In dieser Arbeit soll ein magnetostatisches Wechselwirkungsprinzip dazu genutzt werden, ein Nanoaktorsystem nach dem Top-Down Verfahren herzustellen. Es wird hierbei auf in der Mikrotechnik etablierte Technologien zurückgegriffen, was eine definierte und reproduzierbare Fertigung ermöglicht.

Arbeiten an magnetisierbaren Mikrobalken wurden z. B. von Bhaskaran und Ergenemann durchgeführt [64, 65]. In einem Ansatz bestehen die Balkenstrukturen aus einem Polymer, das mit magnetischen Nanopartikeln versetzt wurde. Die Balkenstrukturen werden über elektromagnetische Spulen ausgelenkt oder in Resonanz versetzt. Die Abmessungen der Balken betragen 160 x 14 x 1,65 µm³ und bei einer Flussdichte von

79 mT kann eine Kraft von etwa 1 µN gemessen werden. In Resonanz ergeben sich Auslenkungen von 63 nm bei 15,78 kHz. Der zweite Ansatz besteht aus Siliziumnitrid-Balken der Dimension 100 x 20 x 0,33 µm³ die mit 100 nm $Fe_{0,7}Ga_{0,3}$ besputtert werden. $Fe_{0,7}Ga_{0,3}$ ist ferromagnetisch und piezoresistiv und verbindet so Aktuierung und Sensorik in einem Element. Die Resonanzfrequenz wird über externe magnetische Wechselfelder angeregt und über den piezoresistiven Effekt ausgelesen.

3.2 Skalierungsverhalten magnetostatischer Aktorprinzipien

Die Grundlage der magnetostatischen Anziehung ist die Kraftwirkung eines Permanentmagneten auf magnetisierbares Material. Um die Eignung des magnetostatischen Aktorprinzips für die Nanoaktorik bewerten zu können, lohnt sich ein Blick auf dessen Skalierungsverhalten. Die Polarisation $\vec{J}$ eines Permanentmagneten mit dem Volumen V führt zu einem Skalarpotential $\phi(\vec{r})$, das neben der Polarisationsstärke vom Abstand r und der Orientierung der Polarisation abhängt.

$$\phi(\vec{r}) = \frac{V \cdot \vec{J} \cdot \vec{r}}{4\pi\mu_0 r^3} \qquad (3.2.1)$$

Das Magnetfeld ergibt sich dann aus dem Gradienten des Skalarfeldes:

$$\vec{H} = \vec{\nabla} \cdot \Phi \qquad (3.2.2)$$

Eine Reduzierung der räumlichen Dimensionen um den Faktor k führt zu einer Reduzierung des Skalarpotentials um k (Zähler $\sim r^4$, Nenner $\sim r^3$). Da die Stärke des Magnetfeldes aus der Ortsableitung des Skalarfeldes besteht, bleibt sie dagegen von der Skalierung unberührt. Für die Magnetfeldgradienten bedeutet eine Minimierung um k demgemäß eine Multiplikation um k [66]. Bei Verwendung des Reluktanzprinzipes ist die Kraftwirkung gemäß 2.4.14 $F = \frac{\partial W}{\partial x} = \frac{\partial(\frac{1}{2} \cdot L \cdot I^2)}{\partial x}$. Die Induktivität sinkt mit k und bei dimensionsunabhängiger Stromdichte sinkt der Strom mit k².

Für die Kraft gilt also, dass sie mit k^4 skaliert. Die Kraft pro Volumen nimmt demnach mit k ab. Die Wechselwirkung eines Magneten mit einem stromdurchflossenen Leiter profitiert dagegen von der Tatsache, dass die Stärke des Magnetfeldes des Permanentmagneten von k unabhängig ist. Die Kraft ist gemäß Formel 2.4.4 proportional zu Magnetfeld, Strom und Leiterlänge und skaliert daher mit k^3, sodass die Kraft pro Volumen unabhängig von der Skalierung ist. Die Wechselwirkung eines Magneten auf einen anderen Magneten oder magnetisierbares Material ist gemäß 2.4.12 durch das Volumen, die Magnetisierung und den Magnetfeldgradienten festgelegt. Dank der 1/k Skalierung des Magnetfeldgradienten sinkt die Kraft mit k^2 und demnach steigt das Kraft zu Volumen Verhältnis mit k.

Bei der Verwendung magnetischer Aktorprinzipien kann also festgehalten werden: Reluktanzaktoren skalieren ungünstig, Wechselwirkungen zwischen Permanentmagneten und Strömen bleiben von einer Miniaturisierung unberührt und Wechselwirkungen zwischen Permanentmagneten werden durch die Skalierungsgesetze begünstigt, die Kraftdichte steigt in diesem Fall mit zunehmender Miniaturisierung.

Ab einer bestimmten kritischen Größe bilden Festkörper jedoch nur noch eine magnetische Domäne aus. Die Magnetisierung dieser einzelnen Domäne ist thermisch einfacher zu ändern als die Magnetisierung eines Festkörpers aus vielen Domänen, weshalb bei Teilchen unterhalb eines kritischen Volumens auch bei Unterschreiten der Curie-Temperatur keine bleibende, messbare Magnetisierung bestehen bleibt. Dieser als superparamagnetisch bezeichnete Zustand tritt bei Partikeln mit einem vom jeweiligen Material abhängigen Durchmesser unterhalb von etwa 50 nm auf. Dieser kritische Partikeldurchmesser wird auch als superparamagnetisches Limit bezeichnet.

Die erreichbaren Kraftdichten für die Kraftwirkung zwischen einem Permanentmagneten und magnetisierbarem Material mit einer Magnetisierung von 800 kA/m sind in Abbildung 3.2.1 in Abhängigkeit der Dimension k skizziert. Die schwarze Linie geht dabei von der Annahme aus, dass ein Permanentmagnet mit einem Feldgradienten von 400 A/mm² bei $k = 1$ seine Abmessungen behält, also nicht mitskaliert. Skaliert der Permanentmagnet mit, so steigt die Kraftdichte bei einer Reduzierung der Dimension an, wie es durch die rote Linie skizziert ist. Grün unterlegt ist der Bereich der Kraftdichte bei Verwendung eines makroskopischen, nicht-mitskalierenden Permanentmagneten und gängigen magnetisierbaren Werkstoffen. Die Gültigkeit der oben hergeleiteten Skalierung und damit der Verlauf der Kraftdichte ist durch das superparamagnetische Limit auf eine minimale Dimension von etwa 50 nm beschränkt

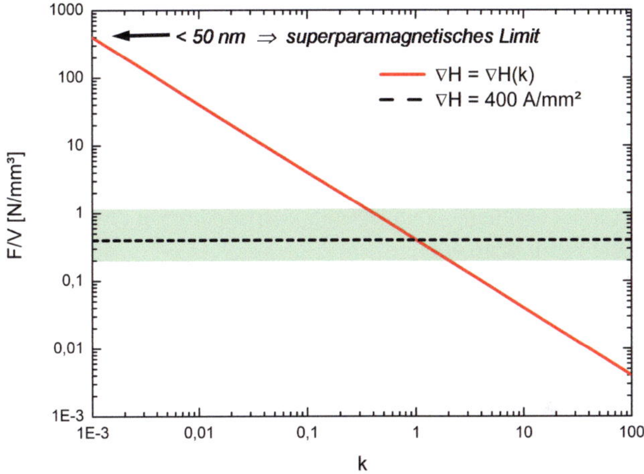

Abbildung 3.2.1: Skalierung einer Kraftdichte von 0,4 N/mm³ mit der Dimension k für einen konstanten (schwarze, gestrichelte Linie) und einen dimensionsabhängigen (rote, durchgezogene Linie) Feldgradienten in einer doppeltlogarithmischen Auftragung. Angenommen ist eine Magnetisierung von 800 kA/m. Weitere Erläuterungen siehe Text.

3.3 Zusammenfassung

Bei Betrachtung des derzeitigen Standes der Technik kann festgestellt werden, dass die in dieser Arbeit angestrebte Realisierung eines magnetostatisch getriebenen Nanoaktors eine Alternative zu NEMS und thermischen Bimetallansätzen darstellt. Die Skalierungsgesetze magnetischer Aktorprinzipien sind dabei besonders günstig, wenn auf die Verwendung von Permanentmagneten und magnetisierbaren Schichten zurückgegriffen wird. Die Entscheidung, ob besser ein Top-Down oder Bottom-Up Ansatz gewählt wird, hängt neben den verfügbaren Technologien vor allem vom Systemkonzept ab und muss individuell getroffen werden. Grundsätzlich gilt: Je kleiner die Aktorsysteme, desto wichtiger werden Bottom-Up Ansätze. Ein bewertender Vergleich realisierter Nanoaktoren gestaltet sich schwierig, da die meisten Arbeiten keine Aussagen über Hübe, Stellwege oder Kräfte machen. Ein Vorteil von Bimorphstrukturen scheinen die verhältnismäßig großen Auslenkungen zu sein, dem allerdings auch hohe Temperaturdifferenzen zugrunde liegen, während Kohlenstoffnanoröhrchen- oder DNA-basierte Aktoren durch ihre geringen Ausmaße bestechen.

Kapitel 4

Nanotechnologie

4.1 Layout

Zur Realisierung magnetostatisch getriebener Nanoaktoren müssen zwei
Bedingungen erfüllt sein:

(a) Es muss freistehende und bewegliche Nanostrukturen geben (Form).

(b) Das Aktorsystem muss ein Signal in Form einer Änderung des
Magnetfeldes in eine Bewegung umwandeln können (Funktion).

Form und Funktion stellen teilweise unterschiedliche Anforderungen
an die zu verwendenden Materialien. Die Anforderungen an ein Material
für Nanostrukturen sind:

- gute Strukturierbarkeit im Nanometerbereich

- hohe Stabilität

- Langzeitstabilität

Betrachtet man die Anforderungen von Seiten der Anwendung, kann ergänzt werden:

- geringe thermische Ausdehnungskoeffizienten

- Umweltverträglichkeit

- Biokompatibilität

Eine Bewegungsänderung bzw. -erzeugung ist immer mit einer Kraft verbunden. Magnetfelder können auf zwei unterschiedliche Weisen Kräfte erzeugen. Die Lorentzkraft wirkt auf bewegte Ladungen. Die Anforderungen an ein entsprechendes Material reduzieren sich hier auf die Leitfähigkeit, allerdings wird dieses magneto-elektrische Aktorprinzip aus in Kap. 3.2 genannten Gründen nicht weiter verfolgt. Die Magnetkraft wirkt auf magnetisierbare Stoffe und ist umso höher, je stärker die Magnetisierung ist. Besonders geeignet sind also Materialien mit einer hohen magnetischen Permeabilität wie z.B. Ferromagnete. Es ist auf Grund der für Form und Funktion unterschiedlichen Anforderungen sinnvoll, für Formgebung und Funktionserfüllung unterschiedliche Materialien zu verwenden.

Diese Arbeit verfolgt das Ziel, ein nanomagnetomechanisches System aus einseitig eingespannten Nanobalken im Größenbereich um 100 nm herzustellen, deren Auslenkungen magnetisch gesteuert werden können. Das für Magnetkräfte erforderliche magnetische Element soll dabei auf das Vorderende der Balkenstrukturen integriert werden. Wird extern ein Magnetfeld angeschaltet, so führen Magnetkräfte zu einer Auslenkung des Biegebalkens, der beim Abschalten des Magnetfeldes aufgrund elastischer Kräfte wieder in seinen unausgelenkten Grundzustand übergeht (Abbildung 4.1.1).

Als Balkenmaterial sind verschiedene Materialien geeignet, insbesondere Silizium und Siliziumverbindungen werden häufig als Material für Mikrobalken, beispielsweise in der Rasterkraftmikroskopie, verwendet. Auch metallische Nanobalken aus Gold [67], Aluminium [68] oder Chrom [69] wurden bereits hergestellt. Diese Arbeit verfolgt mit der Verwendung von Titan dagegen einen neuen Ansatz. Titan besitzt eine Reihe sehr guter physikalischer Eigenschaften nämlich hohe Festigkeit, geringes Gewicht, hohe Schmelztemperatur, sowie einen kleinen thermischen Ausdehnungskoeffizienten und dank seiner etwa 3 nm dünnen, natürlichen Oxidschicht auch eine gute Korrosionsbeständigkeit. Titan wird in einer Vielzahl von medizinischen Anwendungen eingesetzt, ist biokompatibel und bei Raumtemperatur nicht reaktiv [70, 71].

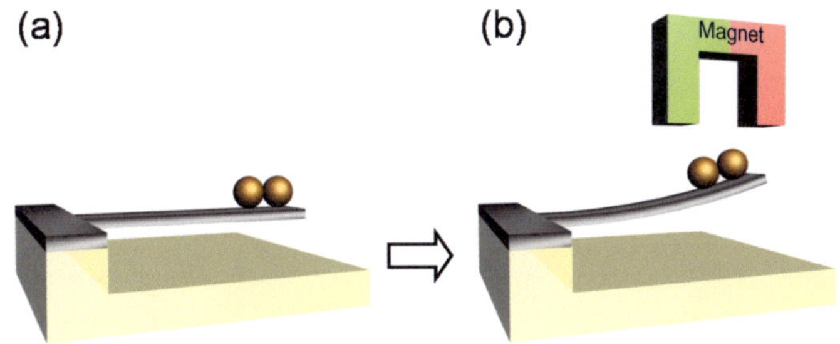

Abbildung 4.1.1: Aktorprinzip: Ein einseitig eingespannter Biegebalken mit einem magnetischen Element auf den Vorderenden, das hier durch zwei Kugeln symbolisiert ist (a) kann über einen sich periodisch ändernden, externen Magneten ausgelenkt werden (b).

Als magnetische Funktionsschicht am Vorderende der Balken werden zwei Ansätze verfolgt: Zum einen $Ni_{0.8}Fe_{0.2}$ als weichmagnetische, ferromagnetische Legierung mit hoher Permeabilität und hoher Sättigungsmagnetisierung, zum anderen magnetische Partikel bestehend aus mit Eisenoxid durchsetztem Polystyren. Der Herstellungsprozess basiert im Wesentlichen auf einer mehrstufigen Elektronenstrahllithografie, reaktiven Ionenätzmethoden und geeigneten Depositionsverfahren und wird in den folgenden Unterkapiteln erläutert. Die einzelnen Prozessschritte und deren Zuordnung zu den Unterkapiteln sind in Abb. 4.1.2 dargestellt und können grob in zwei Kategorien eingeteilt werden:

Prozessschritte (a) - (c) dienen der Herstellung von Nanostrukturen, Prozesschritte (d) - (g) zielen auf die Integration eines magnetischen Elementes auf bereits existierende Nanostrukturen und deren Freilegung.

4.2 Substratvorbereitung

Trägersubstrate für empfindliche Nanostrukturen müssen eine hohe Reinheit und eine möglichst geringe Rauheit aufweisen. Bei Schichtdicken im Nanometerbereich führen schon geringe Rauheitswerte zu einer signifikanten Topografie der aufgebrachten Schichten im unstrukturierten

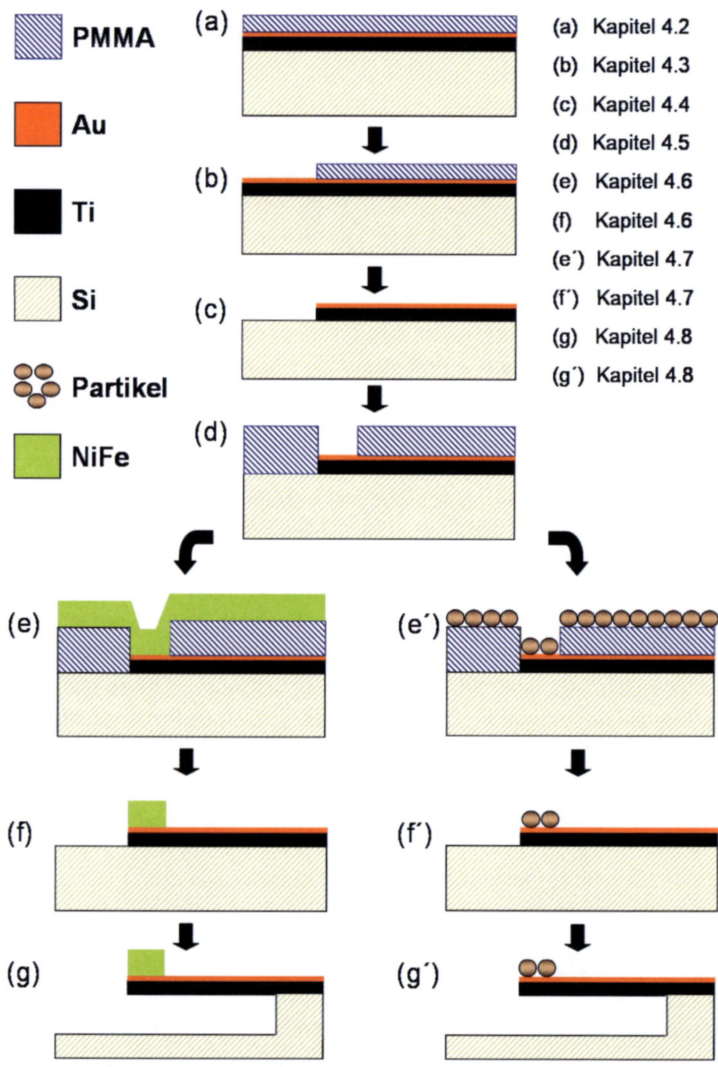

Abbildung 4.1.2: Prozessablauf zur Herstellung von Nanoaktoren.

Zustand. Zudem sollten alle Prozessschritte kompatibel mit Größe und Art des verwendeten Substrates sein. Ausgangspunkt für den Herstellungsprozess sind daher [100] Siliziumwafer mit Dicken von 525 μm und Durchmessern von 100 mm.

Der Wafer wird in einer Univex 450 bei Drücken unterhalb von einem Nanobar mit Titan und Gold bedampft. Die Reinheit des Titans beträgt 99,5 %, die Abscheiderate bei einem Strom von 50 mA ist 7-9 A/s. Dieselbe Abscheiderate bei Gold wird bei einem Strom von 200 mA erreicht. Die Reinheit des Goldes beträgt 99,99 %. Die Kontrolle der Schichtdicken erfolgt über einen schwingenden Quartzkristall.

Die Höhe der Titanschicht bestimmt die Höhe der späteren Aktorstrukturen. Sie hat keinen Einfluss auf die Magnetkräfte, bestimmt aber wesentlich die mechanischen Eigenschaften der Balkenstruktur. Die Federkonstante eines Balkens wächst mit der dritten Potenz seiner Höhe, sodass mit sinkender Schichtdicke größere Auslenkungen möglich sind. Auf der anderen Seite darf die Schicht nicht zu dünn sein. Titan bildet eine ca. 3 nm dicke Oxidschicht aus, sodass eine eine Schichtdicke von $\geq$ 30 nm gewählt werden muss, wenn das Titan die mechanischen Eigenschaften dominieren soll. Für diese Arbeit wird daher eine Titanschichtdicke von 50 nm gewählt.

Die Goldschicht auf dem Titan erfüllt mehrere Funktionen. Zum einen dient sie als Hartmaske für die spätere Strukturierung des Titans, zum anderen als eine Art Haftvermittler zwischen Balkenstruktur und magnetischem Element. Ihre minimale Höhe wird theoretisch durch ihre Selektivität gegenüber Titan im verwendeten Ätzvorgang begrenzt, praktisch ist allerdings die Homogenität der Goldschicht entscheidend. Goldschichten mit einer mittleren Höhe von 5 nm konnten über die Fläche des Substrates nicht deckend hergestellt werden, weshalb hier eine Schichtdicke von 20 nm verwendet wird.

Da der Herstellungsprozess auf einer mehrfachen, zueinander justierten Elektronenstrahllithografie im Direct Write Verfahren basiert, werden Referenzpunkte benötigt, die eine wiederholte Positionierung des Elektronenstrahles auf ausgezeichneten Probenstellen möglich machen. Die zu diesem Zwecke auf dem Substrathalter des Elektronenstrahlschreibers existierenden Marker ermöglichen zwar eine Positionierung des Elektronenstrahls in Relation zum Substrathalter, genügen aber nicht den in dieser Arbeit erforderlichen Positionsgenauigkeiten im Nanometerbereich.

Eine Lösung ist es, Markerstrukturen direkt auf dem Substrat aufzubringen und die Positionierung damit unabhängig von der Lage des Substrates zum Substrathalter zu etablieren. Die Detektion der Markerstrukturen basiert auf einer Kontraständerung der Elektronenstreuung zwischen Markerstruktur und Umgebung und muss durch eine Resistschicht hindurch erfolgen. Eine hohe Nukleonenzahl begünstigt die Streuung von Elektronen und damit die Ausbildung eines guten Kontrastes. Als Material für die auf dem Substrat zu integrierenden Markerstrukturen wird daher Gold verwendet, das galvanisch abgeschieden wird. Hierbei erhält die aufgedampfte, dünne Goldschicht eine dritte Funktion, nämlich die einer idealen Goldgalvanikstartschicht.

Als Resist wird PMMA mit einem Feststoffgehalt von 7% oder 11% verwendet und eine ca. 2 µm dicke Lackschicht auf die Schichtfolge aufgebracht.

Abbildung 4.2.1: Prozessschritt (a), die Substratvorbereitung.

4.3 Elektronenstrahllithografie

In einer ersten Elektronenstrahlbelichtung wird das Markerlayout geschrieben. Die Marker bestehen aus regelmäßigen Oktagonen mit einer Kantenlänge von 4 µm. Das Markerlayout beinhaltet zusätzliche Hilfsstrukturen, die einerseits die Detektion vereinfachen, andererseits die zu galvanisierende Fläche erhöhen. Das belichtete Markerlayout wird in MIBK:IPA 1:1 entwickelt, einem kurzen Sauerstoffplasma ausgesetzt und mit einer 1 µm hohen Goldschicht galvanisiert. Der Resist wird in einem Sauerstoffplasma gestrippt und das komplette Substrat anschließend für die zweite Elektronenstrahllithografie erneut belackt. Die Marker bleiben während des gesamten Herstellungsprozesses auf dem Substrat. Ihre Höhe ist mit einem Mikrometer groß genug, dass es auch nach dem Durchlaufen aller Prozesschritte nicht zu einer signifikanten Dimensionsänderung der Marker kommt. Für eine Korrektur der Position sind eigentlich drei Marker ausreichend, weitere Marker dienen als Reserve [21]. Die Markerintegration basiert auf etablierten Prozessen der Mikrostrukturtechnik und wird im Prozessdiagramm in Abb. 4.1.2 daher nicht gesondert aufgeführt.

Das Layout der zweiten Lithografie definiert zusammen mit der Höhe der Titanschicht die Abmessungen der Balkenstrukturen. Ziel des zweiten Lithografieschrittes ist es, das Layout maßhaltig im Resist realisieren zu können. Optimalerweise kommt es zur Ausbildung scharfer Ecken und Kanten sowie zu einem senkrechten Resistprofil. Im Gegensatz zum Markerlayout erreichen die kritischen Strukturgrößen hier Abmessungen bis unter 100 nm. Resisthöhe, Dosis, Entwicklung und eventuell Proximityeffektkorrekturen müssen daher sehr genau aufeinander abgestimmt werden. Schon kleine Ungenauigkeiten können entweder sofort oder im weiteren Verlauf der Substratbehandlung dazu führen, dass die Demonstratoren für die weitere Verwendung unbrauchbar werden.

4.3.1 Resisthöhe

Grundsätzlich werden in der hochauflösenden ESL dünne Lackschichten bevorzugt. Ein dünner Lack bedeutet eine geringe Aufweitung des Strahls durch Vorwärtsstreuung und, durch den im Vergleich zu dickeren Schichten geringeren Dosisbedarf, auch einen kleineren Proximityeffekt. Herstellungstechnisch ist die Resistdicke bei PMMA praktisch nicht limitiert. Durch immer weitere Verdünnung des PMMA und höhere Schleuderraten lassen sich die Schichten fast beliebig dünn auftragen. Die Höhe der PMMA-Schicht im vorliegenden Fall ist limitiert durch die Selektivität des PMMA zu Gold im anschließenden Ätzprozess. Ätzvorversuche mit Argon-Ionen ergaben je nach Prozessparametern eine etwa doppelt so große Abtragsrate des PMMA im Vergleich zu Gold. Demzufolge wird eine PMMA-Schicht von > 40 nm zur Strukturierung einer 20 nm Gold-

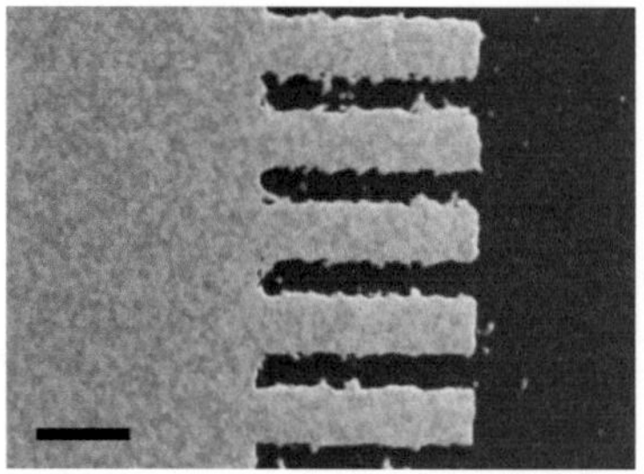

Abbildung 4.3.1: Eine zu geringe Dosis von 350 µC/cm² führt dazu, dass Resistrückstände auf den belichteten Bereichen verbleiben. Diese führen dann nach einem Strukturübertrag zur Ausfransung der Strukturkanten (links). Eine Dosis von 425 µC/cm² bei ansonsten gleichen Parametern verdeutlicht die Notwendigkeit einer genauen Parameterabstimmung. Die Skala beträgt 1 µm.

schicht benötigt. Eine 50 nm hohe Schicht bietet zusätzlichen Spielraum für nicht zu vermeidende Inhomogenitäten der Schichtdicke sowie für einen Dunkelabtrag.

4.3.2 Dosis und Entwicklung

Jedes zu belichtende Layout wird vorab in zwei Bereiche eingeteilt, die sich in Dosis, Strahldurchmesser und Strahlschrittweite unterscheiden. Hintergrund dieser Einteilung ist, weniger kritische Strukturbereiche mit einem weiten Strahl unter Verwendung von Standardparametern zu belichten, um so die Belichtungszeit für ein Layout zu reduzieren. Die Vorteile einer Zeitreduzierung liegen neben der Erhöhung des Durchsatzes vor allem in einer Verringerung der zeitabhängigen Drift während eines Belichtungsvorgangs. Als unkritische Bereiche werden diejenigen Belichtungsfelder angesehen, die in jeder Flächenrichtung mindestens 10 µm von einer Strukturkante, d. h. von einem Übergang belichtetem zu unbelichtetem Resist, entfernt sind. Für diesen auch als Groblayer bezeichneten Bereich macht sich eine erhöhte Dosis nicht negativ bemerkbar, ebenso können Strahlschrittweite und Strahldurchmesser vergleichsweise groß gewählt werden. Durch seinen Mindestabstand von 10 µm zu kritischen Strukturen sind auch die langreichweitigen Auswirkungen der rückgestreuten Elektronen auf kritische Bereiche vernachlässigbar. Im Gegensatz zum Groblayer muss der in den kritischen Bereichen angewendete Feinlayer einen auf die jeweilige Strukturgröße und Resistdicke angepassten Parametersatz aufweisen. Um einen Versatz zwischen Grob- und Feinlayer zu vermeiden, überlappen beide Bereiche um 120 nm. Bei Hilfsstrukturen, die beispielsweise der besseren Auffindbarkeit der Strukturfelder im Mikroskop dienen, kann auf einen Feinlayer verzichtet werden. Zur Bestimmung optimaler Dosiswerte für den Feinlayer sowie der Entwicklungszeit in MIBK:IPA 1:3 wurden Stufenhöhenmessungen zwischen belichteten und unbelichteten Bereichen mit einem RKM durchgeführt. Messungen an Hilfsstrukturkanten, die mit dem Parametersatz des Groblayers belichtet wurden, dienen der Ermittlung einer optimalen Entwicklungszeit, während Stufenmessungen am Feinlayer auf eine Bestimmung der Dosiswerte abzielen. Die Dosiswerte des Feinlayers variieren zwischen 200 und 425 µC/cm² während die Dosis des Groblayers 575 µC/cm² beträgt. Abb. 4.3.2 illustriert die Stufenmessung bei zwei verschiedenen Dosiswerten. Als optimale Entwicklungszeit bei 22°C werden 15-20 Sekunden angesehen, kürzere Entwicklungszeiten führen zu einer Teilentwicklung während deutlich längere Zeiten eine Strukturverschlechterung nach sich ziehen.

Wie aus Tabelle 4.3.1 ersichtlich führt eine Grenzdosis von etwa 400 µC/cm² zur vollständigen Entwicklung, ohne den Dosiseintrag unnötig zu erhöhen. Alle Stufenhöhen sind mit einer Messunsicherheit von etwa 2-3 nm behaftet.

4.3.3 Proximityeffektkorrektur

Um den Einfluss einer Proximitykorrektur auf die Strukturqualität zu untersuchen, werden proximitykorrigierte Strukturen mit solchen ohne Korrektur verglichen. Die Korrektur basiert auf einer Ermittlung der PSF,

Tabelle 4.3.1: Stufenhöhe in einer 50 nm dicken PMMA Schicht nach Belichtung mit verschiedenen Dosen und Entwicklung.

Dosis [µC/cm²]	Stufenhöhe PMMA
200	7 nm
250	11 nm
300	16 nm
350	27 nm
375	44 nm
400	47 nm
425	48 nm
575	49 nm

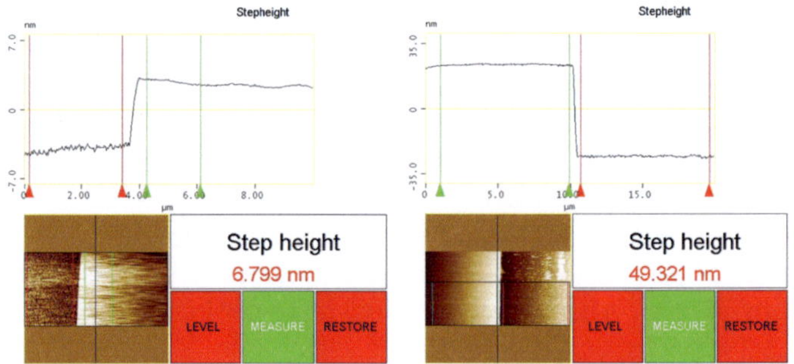

Abbildung 4.3.2: Stufenhöhenmessung zwischen entwickeltem und unbelichtetem PMMA mit dem RKM. Eine Dosis von 200 µC/cm² führt zu einer Stufe von etwa 7 nm, wogegen die Groblayerdosis von 575 µC/cm² eine Durchentwicklung der 50 nm dicken PMMA Schicht gewährleistet.

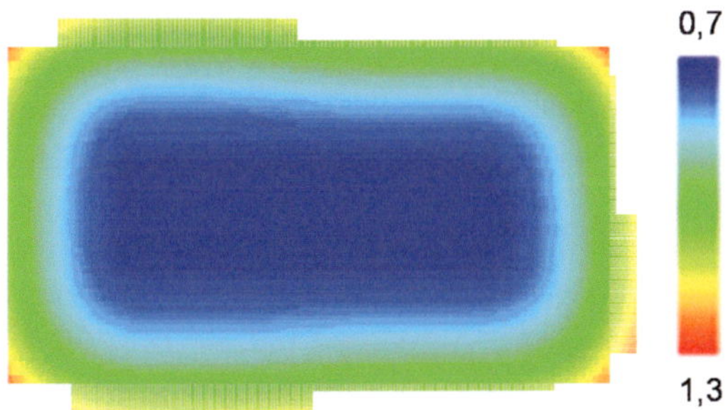

Abbildung 4.3.3: Beispiel einer relativen Dosisverteilung nach der Proximitykorrektur. Der Layoutausschnitt beträgt 220 x 120 µm².

der wiederum eine Monte-Carlo Simulation zugrunde liegt. Mit einer Monte-Carlo Simulation wird die Energieverteilung um eine Punktbelichtung herum bestimmt. Diese Energieverteilung wird daraufhin durch eine Energiedichte in Form einer Doppelgaußfunktion angenähert. Bei einem Schichtaufbau aus Siliziumsubstrat, 50 nm Titan, 20 nm Gold und 50 nm PMMA ergeben sich die PSF-Parameter bei 100 kV Beschleunigungsspannung gemäß Kapitel 2.1.1.4 zu $\alpha = 2,915$ nm, $\beta = 33,075$ µm und $\eta = 0,512$. Zur Korrektur des Energieeintrages wird nun die Dosis eines jeden Belichtungspunktes so angepasst, dass nach Berücksichtigung der Rückstreuung der Energieeintrag an allen Belichtungsstellen des Layouts gleich ist. Abbildung 4.3.3 bildet beispielhaft die relative Dosisverteilung über einen Teil des Gesamtlayouts ab. Der dem sichtbaren Lichtspektrum analoge Farbcode bezieht sich dabei auf eine frei zu wählende Grunddosis und gibt den zugehörigen Multiplikationsfaktor an. Dabei sind grün die Grunddosis, blau eine um den Faktor 0,7 geringere und rot eine um 1,3 höhere Dosis.

Abb. 4.3.4 erlaubt einen detaillierteren Blick auf die Dosisverteilung an Strukturecken und -kanten. Da PMMA ein Positivresist ist, ergeben sich die späteren Strukturen aus dem Negativ des Dosisbildes. Während der innenliegende Bereich des Belichtungsblockes einen zusätzlichen Energieeintrag wegen der Rückstreuung der umgebenden Belichtungspunkte erhält und demnach mit einer geringeren Dosis auskommt, muss die Dosis zum Rand hin erhöht werden. Besonders kritisch sind Ecken, da der rückstreubasierte Energieeintrag benachbarter Bereiche nur ein Viertel des Energieeintrags der Belichtungspunkte im Inneren des Layouts beträgt.

Die Bestimmung einer möglichst guten Grunddosis ist Vorraussetzung für eine erfolgreiche Umsetzung der Proximitykorrektur. Ein Vergleich proximitykorrigierter Strukturen mit solchen, die einer einheitlichen Dosis ausgesetzt waren, erfolgte im Rasterelektronenmikroskop (REM), und zwar nachdem die Resiststruktur über Ätzverfahren in die darunterliegende Goldschicht übertragen worden war. Ein signifikanter Unterschied in Strukturqualität oder Maßhaltigkeit war nicht festzustellen. Inwiefern die durchgeführte Proximitykorrektur die Strukturen tatsächlich beeinflusst, ist schwer zu beurteilen. Zum einen liegen die Balkenstrukturen alle in unmittelbarer Nähe großer Belichtungsflächen, sodass die Dosisvariation mit Faktoren zwischen 0,7 und 1,3 eher einen geringen Umfang hat. Zum anderen werden die Resiststrukturen durch die nachfolgende Ätzung abgetragen und es lässt sich dann nicht unterscheiden in welchem Maße Ätz- oder Belichungsprozesse zur Strukturqualität beitragen. Zudem ist es möglich, dass die Korrektureffekte sich in einer Größenordnung abbilden, die durch das Layout nicht mehr abgedeckt ist, dass also eine erkennbare Strukturverbesserung erst bei kritischen Dimensionen unterhalb 100 nm einsetzt.

Abbildung 4.3.5: Prozessschritt (b), Elektronenstrahllithografie.

4.4 Anisotrope Ätzungen

Ziel der sich an die zweite Elektronenstrahlbelichtung anschließenden Ätzprozesse ist es, die Strukturen der Resistmaske maßhaltig in die Titanschicht zu übertragen. Optimalerweise kommt es zu keiner Änderung

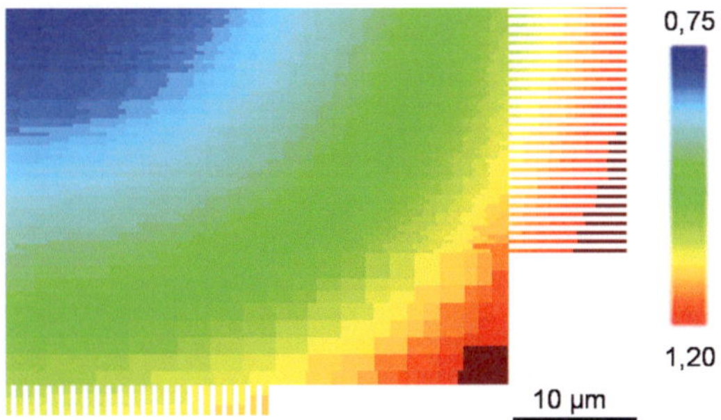

Abbildung 4.3.4: Ausschnitt aus der Dosisverteilung in Abb. 4.3.3. Am Rande des Blockes rechts und unten befinden sich die Balkenstrukturen als Negativ des Dosisbildes.

der lateralen Abmessungen sowie zur Ausbildung von senkrechten Seitenwänden. Insbesondere zur Erfüllung der letztgenannten Anforderung muss ein gerichteter Trockenätzprozess verwendet werden.

Da bei der Verwendung von PMMA auf Prozesstemperaturen oberhalb von 100°C verzichtet werden muss und das Edelmetall Gold mit keinem der verfügbaren Ätzgase eine bei diesen Bedingungen flüchtige Bindung eingeht, wird zur Strukturierung der Goldschicht ein Sputterätzprozess mit Argon-Ionen verwendet. Der Vorteil eines solchen Prozesses liegt in der hohen Anisotropie aufgrund eines rein physikalischen Ätzanteiles. Nachteile beim Sputterätzen sind die schlechte Selektivität und die Redeposition des gesputterten Materials an den Seitenwänden der Maskenstruktur.

Bei der Wahl der übrigen Ätzparameter wird auf eine zusätzliche Plasmadichtenerhöhung mittels ICP verzichtet. Bei einem Gasfluss von 30 sccm, einem Druck von 7 µBar, einer Temperatur von 20 °C und 100 W RIE Leistung beträgt die Ätzrate etwa 3 nm/min, sodass eine Ätzzeit von 7 Minuten zur Strukturierung einer 20 nm Schicht ausreicht.

Strukturbeschaffenheit und -qualität der geätzten Formen werden mit energiedispersiver Röntgenmikroskopie (EDX), RKM-Messungen und REM-Bildgebung untersucht. Der oben genannte Parametersatz führt bei

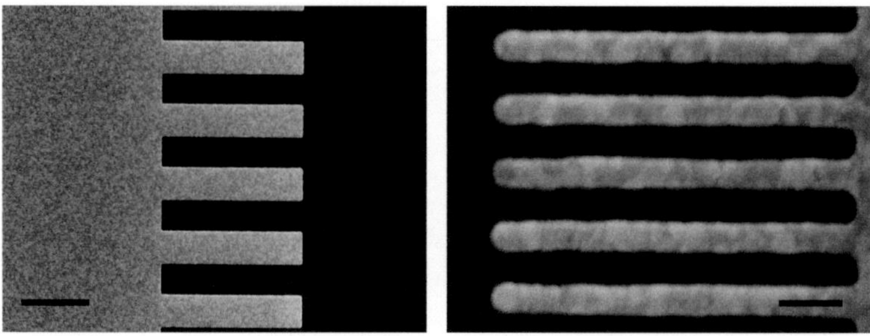

Abbildung 4.4.1: Balkenstruktur nach dem Übertrag in die Goldschicht. Die Skala links beträgt 1 µm, rechts 100 nm.

der Betrachtung von 500 nm breiten Balkenstrukturen mit einem line-space Verhältnis von 1:1 zu einem maßhaltigen Übertrag der Resiststrukturen in die Goldschicht sowie zur Ausbildung gerader Strukturkanten (Abb. 4.4.1 links). Bei einer Balkenbreite von 50 nm sind deutliche Unregelmäßigkeiten gegenüber dem Layout zu sehen (Abb. 4.4.1 rechts). Strukturecken sind verrundet und die Balkenbreite variiert um etwa 10-20 nm. Dank der dünnen Resistschicht und dem damit verbundenen geringen Aspektverhältnis wird keine Redeposition von Gold an den Strukturkanten beobachtet.

Zum Übertrag der Goldmaske in die dickere Titanschicht muss ein RIE-Prozess gewählt werden. Vorversuche mit Argon ergaben eine höhere Ätzresistenz des Titans im Vergleich zum Gold. Als reaktive Ätzgase für Titan eignen sich chlor- und fluorhaltige Verbindungen, konkret untersucht wurde die Eignung von SF_6, Cl_2 und $SiCl_4$. Werden die Siedetemperaturen der vorwiegend entstehenden Reaktionsprodukte des Titans mit Fluor bzw. Chlor betrachtet, verspricht die mit $136\,^\circ C$ etwa halb so große Siedetemperatur des $TiCl_4$ gegenüber der des TiF_4 ($284\,^\circ C$) eine höhere Ätzrate bei der Verwendung eines chlorhaltigen Gases. Letztlich eignen sich aber alle drei Gase zur Ätzung der Titanschicht. In Tabelle 4.4.1 sind die ermittelten Parameter zur Ätzung einer 50 nm dicken Titanschicht angegeben.

Tabelle 4.4.1: Verschiedene Ätzgase und ihre Parameter zur Ätzung einer 50 nm dicken Titanschicht.

Ätzgas	SF_6 [sccm]	Cl_2 [sccm]	$SiCl_4$ [sccm]
Gasfluss	$36 + 4\,O_2$	20	20
Druck	7 µBar	3 µBar	3 µBar
RF-Leistung	20 W	20 W	50 W
ICP-Leistung	700 W	800 W	800 W
Zeit	80 s	40 s	30 s
Temperatur	0 °C	30 °C	30 °C
Selektivität Au/Ti	~ 12	~ 20	~ 7

Die Abschätzung der Selektivität Au/Ti gestaltet sich schwierig, da Schichtdicken unter 20 nm im REM nur ungenau zu messen sind. Die entsprechenden Werte können daher nur einer groben Einordnung dienen. Alle drei Ätzprozesse bieten mehr als die erforderliche Selektivität Au/Ti von 2,5. Die größten Reserven diesbezüglich hat Cl_2. Dennoch wird im weiteren Verlauf dieser Arbeit mit SF_6 gearbeitet, denn dieses hat gegenüber dem Chlorgas den Vorteil, ungiftig zu sein und reduziert damit die Gefahr für den Experimentator. Der Umgang gestaltet sich dementsprechend einfacher.

Um bei der Verwendung von SF_6 eine unerwünschte laterale Ätzrate in der Titanschicht zu vermeiden, wird dem Gasfluss etwa 10 % Sauerstoff hinzugefügt. Dieser passiviert das Titan und verhindert so einen chemischen Abtrag der Seitenwände. Zusätzlich werden mit Sauerstoff eventuelle Resistrückstände und andere organische Verunreinigungen entfernt. Der SF_6-Ätzprozess liefert wie schon der vorhergehende Argonätzprozess eine maßhaltige Abbildung ohne signifikante Verschlechterung der Strukturqualität (Abb. 4.4.2).

Eine leichte Überbelichtung bzw. Überentwicklung des Resists führt zu einer Ausdünnung der Maske an den Strukturrändern, die sich mit Applikation der Ätzprozesse auch in die Metallschichten überträgt. Es kommt dadurch zu einer Verkleinerung der Positivstrukturen, die sich prozentual in der Balkenbreite am stärksten bemerkbar macht. Dieser Effekt kann auch bewusst dazu benutzt werden, kritische Strukturgrö-

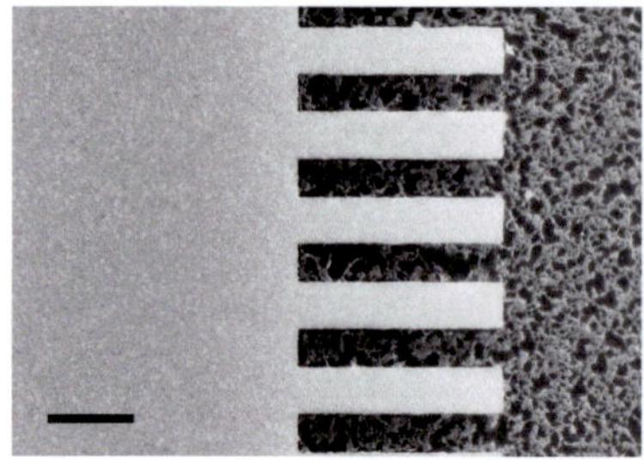 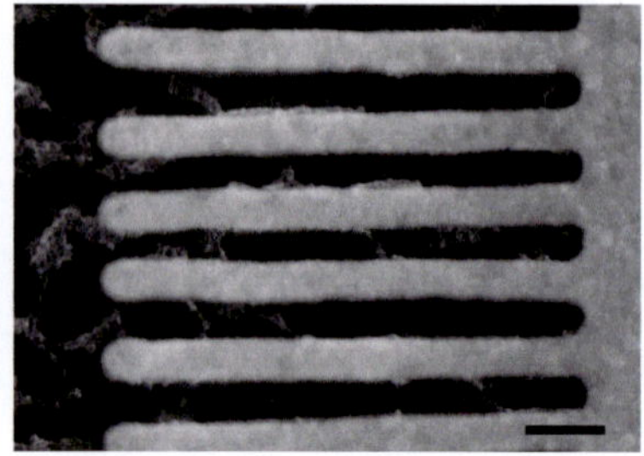

Abbildung 4.4.2: Balkenstrukturen nach dem SF$_6$-basierten Übertrag in die Titanschicht. Die Skala links beträgt 1 µm, rechts 100 nm.

ßen unterhalb der Layoutabmessungen zu realisieren. In Abb. 4.4.3 beträgt die Layoutbreite der Linienstrukturen 50 nm. Aufgrund des eben beschriebenen Effektes kommt es aber zu einer Ausdünnung der Balkenbreite bis auf etwa 20 nm. Die Titanlinien sind noch mit Gold bedeckt, das allerdings porös wirkt und an manchen Linienstellen eine Lücke aufweist. Eine kritische Strukturbreite von 20 nm bildet daher die Untergrenze für den hier dargestellten Prozess und wird wegen der schlechten Reproduzierbarkeit in dieser Arbeit nicht weiter verfolgt.

Abbildung 4.4.4: Prozesschritt (c), anisotrope Ätzungen.

4.5 Direct Write

Zur Realisierung eines magnetischen Aktorprinzips müssen auf den bestehenden Strukturen magnetische Elemente integriert werden. Zur Integration solcher Elemente an ausgezeichneten Stellen auf den bereits bestehenden Balkenstrukturen wird das Direct-Write Verfahren eingesetzt. Das Direct-Write Verfahren ermöglicht eine justierte Elektronenstrahlbelichtung und damit die Realisierung von dreidimensionalen Nanoele-

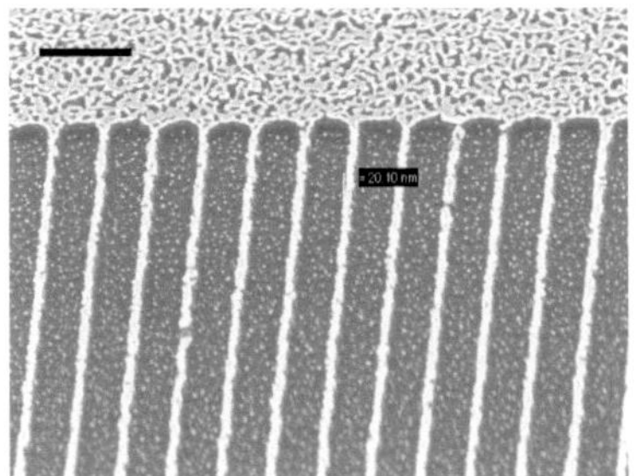

Abbildung 4.4.3: Überbelichtete Balken nach dem Übertrag in die Titanschicht. Die Breite variiert stark um etwa 20 nm, die Goldmaske bildet keine deckende Schicht mehr. Die Skala beträgt 200 nm.

menten. Die Justierung der Belichtungsstellen erfolgt mit Hilfe der anfangs auf dem Substrat integrierten Markerstrukturen. Dabei verhindern die mit der ESL untrennbar verbundenen Prozesschritte Belackung und Entwicklung eine zur Bewegungserzeugung notwendige Freilegung der Nanostrukturen vor Beendigung des Direct-Write Verfahrens.

Die Wahl der Resisthöhe ist hier nicht durch die Selektivität eines Ätzprozesses motiviert, sondern durch den Depositionsmechanismus. Unabhängig von der Art der Schichtdeposition aber muss die Höhe der Lackschicht die Höhe der aufzubringenden NiFe-Schicht übersteigen. Als Belichtungsstellen werden 20-40 % der Balkenfläche am freien Ende gewählt. Sie liegen entweder bündig auf den Balkenvorderenden oder symmetrisch zu den Kanten. Die entstehenden Resistkavitäten werden nach der Entwicklung vorzugsweise im RKM vermessen. Bei der Verwendung eines REM würde es zu Aufladungseffekten sowie zu unerwünschten Kettenbrüchen oder Vernetzungen im PMMA kommen. Die Bestimmung des DW-Versatzes zu den Balkenstrukturen mit Hilfe einer REM-Aufnahme kann daher erst im Anschluss an die erfolgte Schichtdeposition und dem anschließenden Entfernen des PMMA durchgeführt werden.

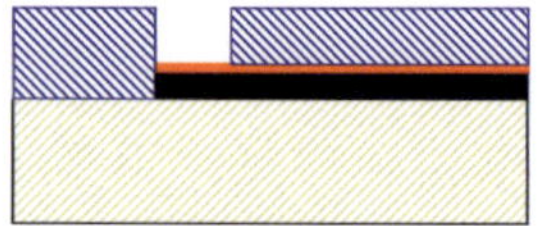

Abbildung 4.5.1: Prozesschritt (d), Direct-Write.

4.6 NiFe Deposition

Zur Deposition von $Ni_{0,8}Fe_{0,2}$ in die durch das Direct-Write Verfahren prozessierten Resistkavitäten bieten sich zwei unterschiedliche Verfahren an:

(a)   Galvanische Abscheidung

(b)   Sputterdeposition

Bei beiden Verfahren muss der Resist anschließend entfernt werden. Da die Galvanik auf einer lokalen Materialabscheidung an den durch die Belichtung freigelegten Flächen basiert, kann das PMMA durch einen anschließenden Acetonspülgang aufgelöst werden.

Im Falle der flächigen, den ganzen Wafer betreffenden Sputterdeposition, verhindert das auch auf dem Resist zu liegen kommende NiFe einen großflächigen Ätzangriff des Aceton. Um dennoch das PMMA entfernen und damit auch das aufliegende NiFe abheben zu können, wird der Lift-Off-Prozess durch die Einkopplung von Megaschall unterstützt. Dieser führt einerseits zur Ausbildung von kleinen Rissen in der NiFe-Schicht und damit zu einer vergrößerten Angriffsfläche für das Lösemittel, andererseits zu einer Temperaturerhöhung mit einhergehender Beschleunigung des Löseprozesses.

Nach einem gelungenen Lift-Off-Prozess verbleibt auf den belichteten Stellen eine NiFe-Schicht, während an allen anderen Stellen die Metallschicht mit dem Resist abgetragen wird. Insbesondere bei Schichtdicken in der Größenordnung der Resistdicke kann es dazu kommen, dass die NiFe-Schichten auf dem Resist mit denen auf den belichteten Stellen verbunden sind, sodass beim Ablöseprozess die NiFe-Schicht auf den belichteten Stellen mit abgezogen wird.

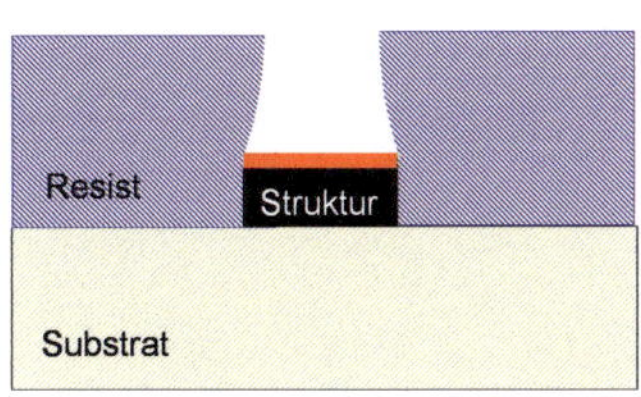

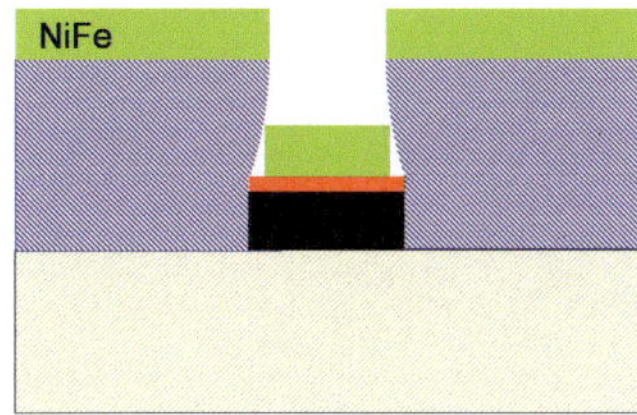

Abbildung 4.6.1: Resistprofil (blau) mit Undercut.

Eine Möglichkeit dieses Problem zu umgehen besteht darin, statt eines senkrechten Resistprofils, von der Aufweitung der Elektronenwechselwirkungsfläche mit zunehmender Tiefe Gebrauch zu machen (Abb. 4.6.1).

In der Praxis ist dies allerdings mit einer Absenkung der Beschleunigungsspannung oder mit der Verwendung mehrerer Resistschichten unterschiedlicher Nukleonenzahl verbunden. Eine einfache Möglichkeit die Bindung der in unterschiedlichen Höhen zu liegen kommenden NiFe-Schichten zu minimieren ist, einen dünnen PMMA-Steg zwischen Resist und belichteten Stellen zu belassen. Da sich die Topographie des aufgeschleuderten Resists derjenigen des Substrates sehr genau anpasst, genügt es, die Belichtung nicht bündig zu den Balkenkanten zu konstruieren, sondern stattdessen einen kleinen Vorhalt zu berücksichtigen (Abb. 4.6.2).

4.6.1 NiFe-Galvanik

Die belichteten Kavitäten bieten mit einem dünnen Goldfilm als Bodenschicht gute Voraussetzungen zur galvanischen Abscheidung von NiFe. Durch eine Randentlackung kann eine Goldfläche zur kathodischen Kontaktierung der Probe freigelegt werden. Der verwendete Elektrolyt besteht aus Nickel- und Eisensulfat sowie Borsäure als Puffer, um einen unerwünschten lokalen pH-Anstieg verursacht durch emittierten Wasserstoff zu unterbinden [72], und den Zusätzen Natriumlaurylsulfat (SDS) und Natriumsaccharin zur Reduzierung der Oberflächen- bzw. der inneren Spannungen (Tabelle 4.6.1).

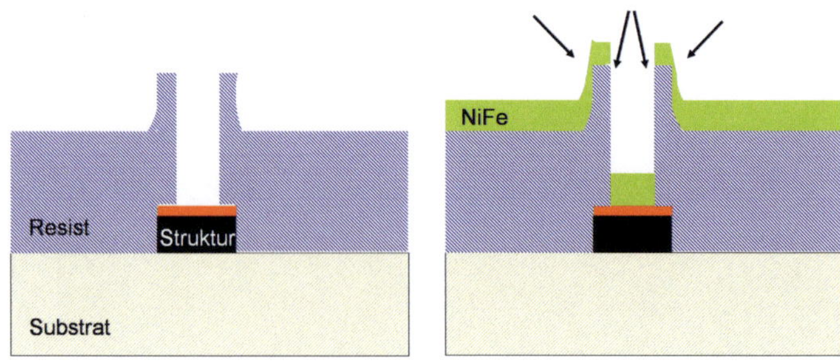

Abbildung 4.6.2: Da sich die Resistschicht der darunterliegenden Topografie anpasst, kann ein PMMA-Steg das Abreißen der aufgesputterten Schicht an den mit Pfeilen markierten Stellen begünstigen.

Tabelle 4.6.1: Zusammensetzung des Nickeleisenelektrolyten.

Komponente	Konzentration
$NiSo_4$ 6 H_2O	0,77 ml/L
$FeSo_4$ 7 H_2O	0,0627 ml/L
H_3Bo_3	0,4 ml/L
SDS	0,005 ml/L
Na-Sacch.	0,004 ml/L

Der pH-Wert wird auf 2,8 reguliert, die Elektrolyttemperatur beträgt 52 °C. Eine Nickelanode befindet sich in einem Abstand von ca. 10 cm zur Probe und ist parallel zu dieser ausgerichtet. Eine Sollstromdichte von 5 mA/cm² zielt auf eine Zusammensetzung von $Ni_{0,8}Fe_{0,2}$. Da Stromstärken für die freigelegten Balkenflächen im Bereich von Nanoampere nicht realisiert werden konnten, wurden im Layout zusätzliche Hilfsstrukturen vorgesehen. Eine Stromdichte von 5 mA/cm² ergibt bei einer Dichte des NiFe von $\rho = 8,7$ g/cm³ ein durchschnittliches Schichtwachstum von etwa 55 nm/min, sodass für eine Zielschichtdicke von 200-300 nm ein fünfminütiger Stromfluss ausreichen sollte.

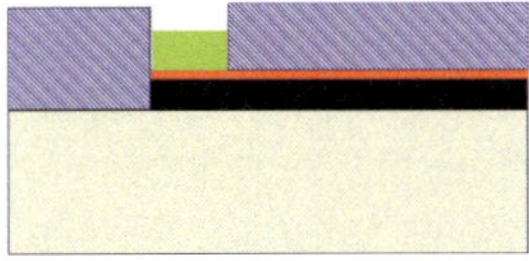

Abbildung 4.6.3: Prozesschritt (e), NiFe-Galvanik.

Abbildung 4.6.4: REM-Aufnahmen der mit NiFe galvanisierten Proben nach dem Strippen des Resistes. Auf dem Vorderende eines jeden Balkens bildet sich eine Insel, deren Grundflächen denen des Layouts entsprechen. Die rechte Nahaufnahme lässt die Rauhigkeit der aufgewachsenen Inseln erkennen. Die Skala im linken Bild beträgt 2,5 µm, im rechten 400 nm.

Werden nur die Balkenkavitäten ohne Hilfsstrukturen beobachtet, ergibt die Schichthöhenkontrolle im REM zur Ausbildung einer 300 nm hohen Schicht eine erhöhte Galvanikdauer von 10 min. Es ist möglich, dass sich Material bevorzugt an den Hilfsstrukturen ablagert, allerdings kann aufgrund stark unterschiedlicher Flächen (Hilfsstrukturfläche = 125·Kavitätenfläche) keine zusätzliche Materialdeposition auf den Hilfsflächen gemessen werden.

In Abb. 4.6.4 links ist das Ergebnis einer 10 minütigen NiFe-Galvanik nach dem Entfernen des Resistes in einer REM-Aufnahme zu sehen. Die rechte Aufnahme zeigt einen vergrößerten Bereich bestehend aus nur zwei Balken. Die Aufnahmen sind unter einem Winkel von 45° aufgenommen und bieten daher einen Blick auf die Seitenwände der Struktu-

ren. Die Kavitätengrundflächen haben eine Abmessung von 1 x 0,4 µm²
bzw. 2 x 0,4 µm² (kurze bzw. lange Balken), die Höhe der Ablagerung variiert stark um etwa 300 nm. Die Textur des abgelagerten Materials legt
nahe, dass es sich um verschieden große Kristalle handelt, deren zufällige Verteilung innerhalb einer Kavität dann auch zu den Höhendifferen-
zen führt. EDX-Messungen auf den, im Vergleich zu den Inseln großen,
Hilfsstrukturen ergeben eine Zusammensetzung aus 82 wt% Ni, 16 wt%
Fe und Spuren von Schwefel und Silizium. Dagegen werden durch EDX-
Messungen auf den Inseln nur geringe Spuren von Nickel und Eisen ermittelt.

Um eine Fokusverschiebung des Elektronenstrahles in Bezug auf den
Sollmesspunkt der EDX-Messung auszuschließen, wird die Verteilung
bestimmter Elemente über die gesamte Bildfläche untersucht. Die mittlere Aufnahme der Abb. 4.6.5 zeigt das dem EDX-Mapping zugeordnete
REM-Bild bestehend aus zwei Balken mit galvanisiertem Material auf
den Vorderenden. Um diese REM-Aufnahme herum sind Abbildungen
der Verteilung einzelner Elemente innerhalb des Bildausschnittes grup-
piert. Das türkisfarbene Siliziumbild gibt beispielsweise die Verteilung
des Silizium innerhalb der REM-Aufnahme wider, die aufgrund der Abschattung der Balken an den von den Balken eingenommenen Flächen
geringer ausfällt. An den Vorderenden ist die Abschirmung durch die zusätzliche Galvanikschicht am stärksten. Auch die Gold- und Titanvertei-
lung spiegelt, wie erwartet, die aus einem Gold/Titan-Schichtverbund bestehenden Balkenstrukturen wider. Bei einer erfolgreichen NiFe-Galvanik
auf den Balkenvorderenden müsste sich dort eine signifikante Häufung
der Elemente Ni und Fe ausbilden. Doch auch bei ausgedehnter Detekti-
onszeit bildet sich nicht viel mehr als eine statistische Verteilung aus, die
als Rauschen Bestandteil jeder Elementdetektion ist. Auf der Suche nach
weiteren in Frage kommenden Elementen, aus denen die in Abb. 4.6.4
zu sehenden Galvanikinseln bestehen könnten, gab die blau eingefärbte
Schwefelverteilung ein Indiz für die Anwesenheit von Schwefelverbin-
dungen, die sich wahrscheinlich aus dem Elektrolyten, anstatt des NiFe,
auf den Balkenvorderenden abgesetzt haben.

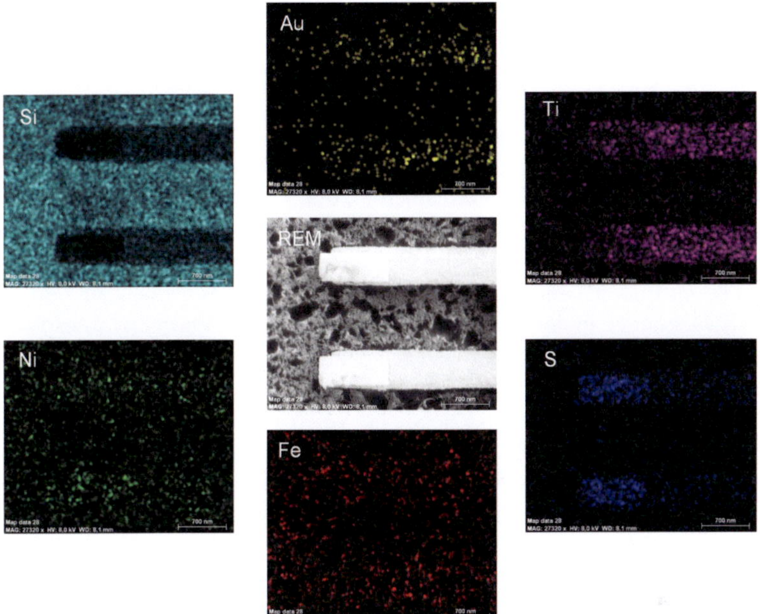

Abbildung 4.6.5: EDX-Mapping eines etwa 3,2 x 2,6 μm² messenden Probenausschnitts. Um die REM-Aufnahme herum (mitte) ist die Verteilung des jeweiligen Elementes farbig angezeigt. Während die Elemente Si, Ti, Au und S die Balkenstruktur deutlich erkennen lassen, ist keine signifikante Häufung von Ni oder Fe auf den Balkenvorderenden zu beobachten.

Zur Klärung der Ursache des fehlenden NiFe, wird der Keimbildungsprozess der Galvanik näher untersucht. Dazu werden Testproben aus Messing nur einige Sekunden der Galvanik ausgesetzt und daraufhin im REM untersucht. Messing gilt als gold-ähnliche, gute Galvanikstartschicht und wird der besseren Verfügbarkeit wegen verwendet. Stromdichte und Zeit sind so gewählt, dass bei gleichmäßigem Schichtwachstum eine NiFe-Sollschichthöhe von 10 nm ausgebildet würde.

Beobachtet man die Keimverteilung einer 10 nm Sollschicht (Abb. 4.6.6), ist anzunehmen, dass sich deckende Schichten nur durch ein Überwachsen der mit der Zeit dicker werdenden Startkeime ausbilden. Bei hinlänglich großen Galvanikflächen ist die Anzahl der Startkeime nach einigen Sekunden entsprechend groß und damit annähernd gleichverteilt, sodass sich mit fortschreitender Galvanikdauer eine homogene Schichtdicke ausbilden kann. Bei Flächen≤ 1 µm² kann es jedoch zu starken Schwankungen in der Anzahl der Startkeime und im Zeitpunkt ihres Auftretens kommen. Dies führt letztlich dazu, dass die Schichthöhe z. B. in den vorliegenden Kavitäten nicht über die Zeit kontrolliert werden kann. Eine Erhöhung der Stromflächendichte von 5 auf 6 mA/cm² in Abb. 4.6.6 (b) führt zu einer signifikanten Erhöhung der Startkeimdichte, eine weitere Erhöhung der Stromflächendichte auf 7 oder 8 mA/cm² liefert dagegen keine weitere Verbesserung [(c) und (d)]. Weitere Maßnahmen zur Keimdichteerhöhung wären z. B. die Verwendung eines gepulsten Stromsignals, die Erhöhung der potentiellen Keimpunkte durch geeignete Materialvorbehandlung oder die Verwendung einer NiFe-Startschicht. Da aber der Effekt eines unkontrollierbaren Schichtwachstums mit abnehmender Galvanikfläche zunimmt, wird die elektrochemische Abscheidung zur kontrollierten Erzeugung von Nanostrukturen als nur bedingt geeignet angesehen.

4.6.2 Sputterdeposition von NiFe

Als Alternative zur elektrochemischen Abscheidung kann eine Sputterdeposition von NiFe verwendet werden. Die Sputterdeposition ist im Vergleich zur Galvanik in zweifacher Hinsicht unabhängig von der Größe der belichteten Flächen. Zum einen müssen die Sputterparameter nicht

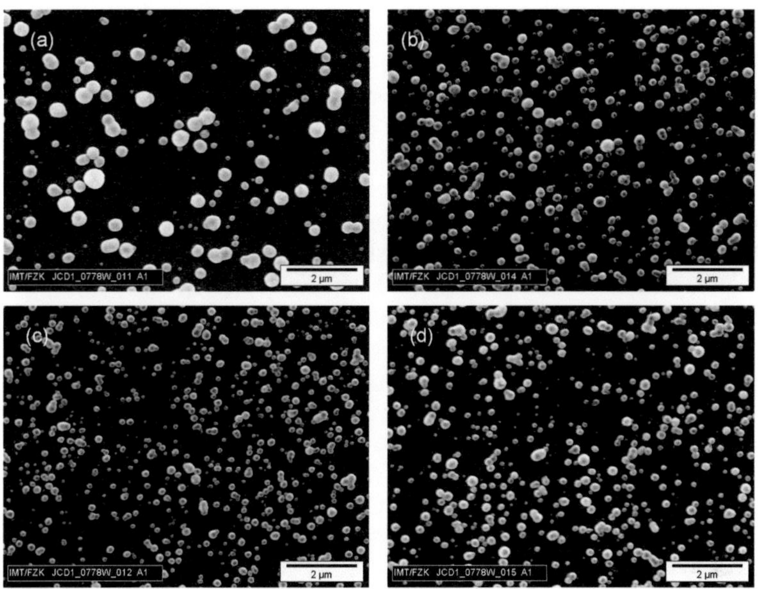

Abbildung 4.6.6: Startkeimdichte bei verschiedenen Stromdichten (a) 5 mA/cm² (b) 6 mA/cm² (c) 7 mA/cm² (d) 8 mA/cm².

auf die zu beschichtende Gesamtfläche angepasst werden und zum anderen erfolgt das Schichtwachstum nicht an ausgezeichneten Stellen des Substrates, sondern gleichmäßig über die gesamte Fläche. Nur bei hohen Aspektverhältnissen der Resistmaske kann es zu Abschattungseffekten kommen, die dünnere Schichtdicken und schmalere Strukturbreiten nach sich ziehen.

Wichtig ist eine gute Haftung des gesputterten NiFe auf den Balkenvorderenden, nicht nur für die spätere Anwendung sondern auch für einen erfolgreichen, megaschallunterstützten Lift-Off Prozess. Vor dem eigentlichen Sputterprozess werden die Proben daher einem kurzen Argonätzschritt (500 W, 5 µBar, 4-15 s.) ausgesetzt. Dieser entfernt eventuelle Resistrückstände und raut die Oberfläche zur besseren Haftung auf. Das Target besteht aus sechs Millimeter dickem $Ni_{0,8}Fe_{0,2}$ mit einem Durchmesser von 150 mm. Der Abstand zum Substrat beträgt 5 cm, als Plasmagas wird Argon verwendet. Eine Targetleistung von 200 W und ein Druck von 5 µBar ergibt eine Beschichtungsrate von ca. 34 nm/min. Die Beschichtungsrate gilt jedoch nur für die Mittenposition des 150 mm großen Substrathalters, zum Rand hin wurden um bis zu $\frac{2}{3}$ kleinere Beschichtungsraten gemessen.

Nach einem Lift-Off des PMMA können die Proben im RKM und REM inspiziert werden. Bei Sollschichtdicken zwischen 100 und 275 nm weisen die großflächigen Hilfsstrukturen gegenüber den kleinen Inseln auf den Balkenvorderenden eine um bis zu 20 nm dickere NiFe-Schicht auf. Wie in den REM-Aufnahmen in Abb. 4.6.7 zu sehen, kommt es zu einer zuverlässigen Haftung einer 200 nm hohen NiFe-Schicht auf den Balkenstrukturen. Einer Dezentrierung der NiFe-Inseln im Bezug auf die darunterliegende Struktur liegt ein Versatz des DW-Verfahrens in der Größenordnung um 100 nm zugrunde. Eine vergrößerte Betrachtung der Inseln im rechten Bild der Abb. 4.6.7 offenbart ein NiFe-Profil, das wegen der Maskenabschattung zu den Rändern hin deutlich abflacht. Das durch die Abflachung verringerte Volumen muss gegebenenfalls durch eine höhere Sollschichtdicke ausgeglichen werden, wobei das unregelmäßige Schichtprofil eine Bestimmung des NiFe-Volumens erschwert.

Abbildung 4.6.7: Balkenstrukturen mit gesputtertem NiFe mit einer Schichtdicke von etwa 200 nm. Links: Aufsicht, die hellen Rechtecke bestehen aus NiFe. Mitte: Schrägansicht. Rechts: Vergrößerte Schrägansicht unterschiedlich großer NiFe-Inseln. Die Skala der linken und mittleren Aufnahme beträgt 2 µm, der rechten Aufnahme 500 nm.

4.7　Magnetische Partikel

Mit der Verwendung von magnetischen Partikeln bietet sich eine Möglichkeit, vorportionierte und diskrete Mengen an magnetischem Material auf die Balkenstrukturen zu integrieren. Hierbei wird die kleinste zu integrierende Massenportion eines sphärischen Partikels über den Durchmesser festgelegt, während über die Anzahl der Partikel pro Struktur ein ganzzahliges Vielfaches der Einzelmasse erreicht werden kann.

Die magnetischen Partikel bestehen aus nanoskaligen Eisenoxidteilchen, die in eine Matrix aus Polystyrol eingebettet sind. Der Anteil des Eisenoxid an der Gesamtmasse beträgt etwa 40 bis 50 %. Abb. 4.7.1 skizziert einen Partikelquerschnitt.

Das Depositionsverfahren besteht neben der wässrigen Partikelsuspension aus einer, wie schon im Falle der Galvanik und der Sputterdeposition verwendeten, lokal belichteten Resistmaske aus PMMA. Wird die Probe der Partikelsuspension ausgesetzt, können die durch das DW-Verfahren erzeugten Kavitäten mit Partikeln aufgefüllt werden, sodass sie nach dem Entfernen des Resistes die Vorderenden der Balken bedecken. Für eine Erfolg versprechende Partikelintegration müssen folgende Kriterien berücksichtigt werden:

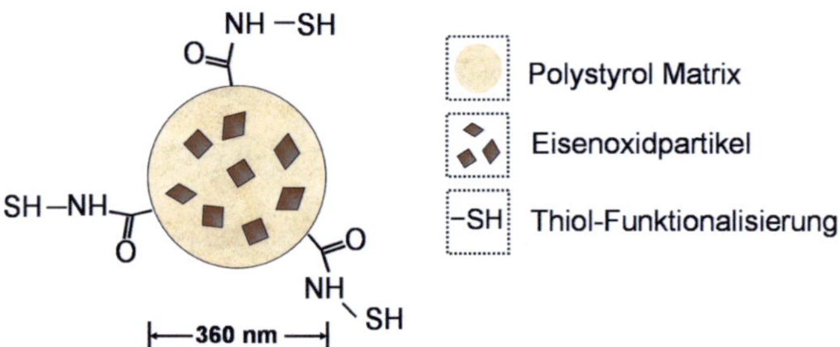

Abbildung 4.7.1: Querschnittskizze der verwendeten Partikel.

- Die Partikelsuspension darf das PMMA nicht angreifen oder lösen.
- Das Verfahren zum Strippen des PMMA darf die Partikel nicht angreifen.
- Die Partikel müssen auf der Balkenoberfläche ausreichend haften.

Wird auf eine diskrete Anzahl an Partikeln pro Struktur Wert gelegt, muss ergänzt werden:

- Kavitäten und Partikel sollten in der gleichen Größenordnung liegen.

- Partikelkonglomeration muss vermieden werden, d.h. die magnetischen Partikel dürfen sich gegenseitig nicht nennenswert anziehen.

Um eine Haftung der Partikel auf der exponierten Goldoberfläche zu gewährleisten, wird die Hülle mit einer Thiolgruppe funktionalisiert. Die Suspension besteht aus einem Wasser/Ethanolgemisch, wobei der Ethanolgehalt so niedrig gewählt wurde, dass das PMMA nicht angegriffen wird. Die Polystyrolmatrix wiederum kann dem durch das Strippen des Resistes verursachten Ätzangriff in Form einer Behandlung mit Aceton, IPA und destilliertem Wasser widerstehen. Für eine Balkenbreite von 400 nm ist ein Partikeldurchmesser von 360 nm geeignet.

Da zur Krafterzeugung eine hohe Sättigungsmagnetisierung vorteilhaft ist, sind ferromagnetische Partikel grundsätzlich gut geeignet. Der durch magnetische Anziehungskräfte begünstigten Konglomeration ferromagnetischer Partikel kann durch eine Demagnetisierung begegnet werden. Die Konglomeration aufgrund magnetischer Kräfte kann aber auch verhindert werden, wenn auf die Verwendung superparamagnetischer Partikel ausgewichen wird. In Vorversuchen konnte die Konglomeration bei superparamagnetischen Partikeln wesentlich besser verhindert werden, als bei der Verwendung demagnetisierter, ferromagnetischer Partikel.

Die Partikelsuspension wird vor Kontakt mit der Probe einem Ultraschallbad ausgesetzt, das bereits aneinander haftende Partikel trennt und eine gleichmäßige Verteilung innerhalb der Suspension gewährleistet. Kommt die Probe in Kontakt mit der Suspension, können die Partikel mit den Goldflächen eine kovalente Bindung eingehen (Abb. 4.7.2, links). Ein Kontakt Partikel-Goldfläche wird forciert, indem die flüssige Suspension verdunstet und sich somit auf der gesamten Probe eine Partikelschicht ausbildet. Die auf der PMMA-Maske zu liegen kommenden Partikel werden mit dieser anschließend entfernt. Die rechte Aufnahme der Abb. 4.7.2 zeigt eine Reihe von 400 nm breiten Balkenstrukturen mit zwei bis vier Partikeln auf dem freien Ende nach dem Entfernen des Resistes. Die maximale Anzahl an Partikeln pro Struktur wird durch die Größe der Kavität vorgegeben, wobei die Positionierung innerhalb einer Kavität zufällig ist.

4.8   Isotrope Ätzung

Zur Erzeugung freistehender und damit beweglicher Aktorstrukturen werden in der Mikrosystemtechnik Opferschichten eingesetzt. Opferschichten dienen der eigentlichen Funktionsschicht als Schutz oder als Distanzhalter zum Substrat und werden im Laufe des Herstellungsprozesses entfernt (geopfert). Wird die Opferschicht unter der Strukturschicht integriert, muss sie selektiv gegenüber dieser entfernt werden. Neben einer ausreichenden Selektivität muss der Ätzvorgang einen isotropen Anteil haben, um die Opferschicht unter den abschattenden Strukturen entfernen zu können. Eine weitere Eigenschaft der Opferschicht muss eine gute Haftung zur Funktionsschicht sein. Allen drei Anforderungen kann durch

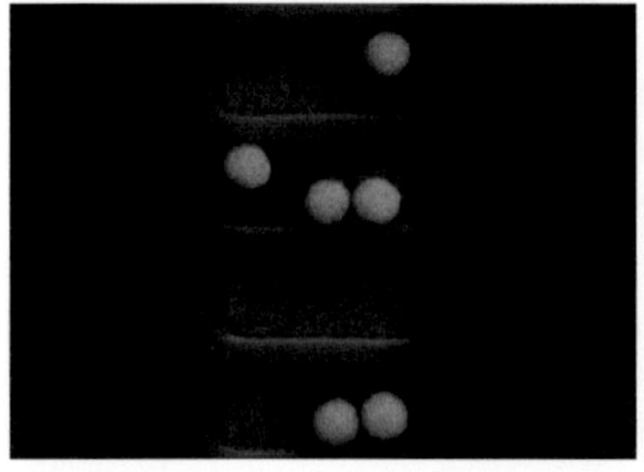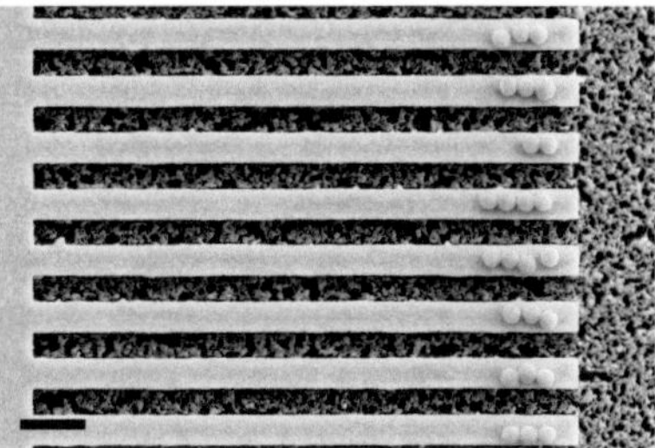

Abbildung 4.7.2: REM-Aufnahmen partikelbehafteter Strukturen. Links: Partikel, die in einer PMMA-Kavität zu liegen gekommen sind. Rechts: Nach dem Strippen des Resistes verbleiben die Partikel auf der Probe. Die Skalen betragen 1 µm.

die Verwendung von Silizium als Opferschicht begegnet werden. Titan haftet ausreichend gut auf Silizium und es gibt verschiedene Wege Silizium selektiv und isotrop zu ätzen.

4.8.1 Nasschemische Ätzung

Eine nasschemische isotrope Ätzlösung für Silizium ist das System Flusssäure, Salpetersäure (HNO_3) und Wasser [73]. Hierbei dient das HNO_3 über die Bildung von NO_2 der Oxidierung des Siliziums, das dann durch die Flusssäure isotrop geätzt werden kann. Jedoch greift dieses System auch Titan an, weshalb es für den in dieser Arbeit verwendeten Ansatz nicht geeignet ist. Eine das Titan nicht angreifende Siliziumätze ist KOH in Wasser gelöst. Aufgrund unterschiedlicher Aktivierungsenergien der Siliziumatome je Kristallebene, erfolgt der Ätzangriff anisotrop entlang der [100]- und [110]-Ebenen. Die Ätzrate der [111]-Ebene ist verglichen damit deutlich kleiner. Dies führt bei der Verwendung einer kristallinen [100] Si-Schicht zu einer durch die Diamantstruktur vorgegebenen Schräge der Si-Seitenwände von ca. 55° (Abb. 4.8.1).

Eine Ätzung der Silizium-Opferschicht und damit eine Freilegung der Balkenstrukturen ist mit dieser Methode zwar möglich, allerdings kommt

Abbildung 4.8.1: Mit KOH teilweise unterätzte Strukturen. Die Skala beträgt 500 nm.

es häufig zur Zerstörung der Strukturen bzw. zur Haftung der Strukturen aneinander oder an das Substrat. Die Ursache hierfür liegt vermutlich in der Verdunstung der Ätzstoppflüssigkeit. Sinkt der Flüssigkeitspegel unter die Strukturen, bildet sich verursacht durch den Kapillareffekt ein Oberflächenmeniskus zwischen den Strukturen oder zwischen Struktur und Substrat aus, der zu einer Krafteinwirkung auf die Strukturen und damit zu deren Haftung oder Zerstörung führt. Solche Kapillareffekte lassen sich nur umgehen, wenn die Verdunstung, also der direkte Phasenübergang von flüssig nach gasförmig, vermieden wird. Wie aus dem P-T-Diagramm eines Stoffes ohne Anomalie in Abb. 4.8.2 ersichtlich, gibt es hierfür zwei Möglichkeiten: Die Trocknung einer Flüssigkeit über den kritischen Punkt oder den Umweg über die feste Phase mit anschließender Sublimierung.

Bei der überkritischen Trocknung wird KOH durch Wasser und weiter durch Aceton ersetzt. Das Aceton wird bei einem Druck von etwa 60 Bar gegen flüssiges Kohlenstoffdioxid ausgetauscht, das wiederum über den kritischen Punkt bei 31°C und 74 Bar in die Gasphase überführt wird. Der Vorteil von CO_2 liegt hier in der vergleichsweise niedrigen Temperatur des kritischen Punktes. Da sich flüssiges CO_2 nicht mit Wasser oder IPA mischt, wird hier der Umweg über Aceton genommen.

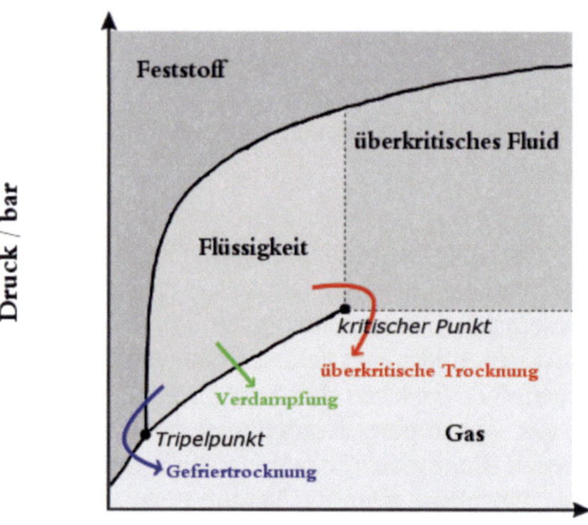

Abbildung 4.8.2: Phasendiagramm eines Stoffes ohne Anomalie. Farbig gekennzeichnet sind drei verschiedene Möglichkeiten aus der flüssigen in die Gasphase zu gelangen.

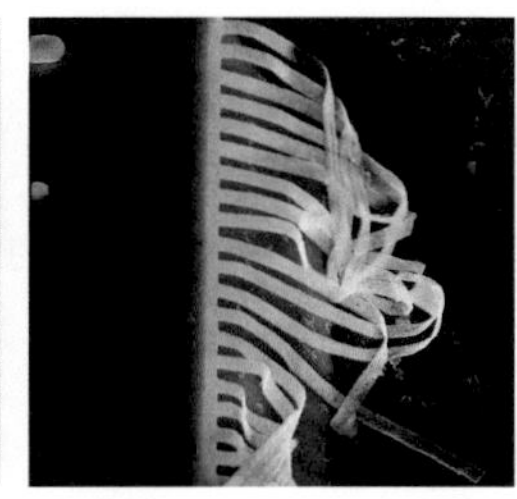

Abbildung 4.8.3: Ergebnisse der nasschemischen Unterätzung. Es kommt zu lokal unterschiedlichen Ätzraten (links), Rückständen (links und mittig) sowie zur Clusterung der Strukturen (rechts). Die Skalen betragen 4 μm.

Während für die überkritische Trocknung eine kommerziell erhältliche Anlage verfügbar war, wurde für die Gefriertrocknung ein eigenes Verfahren entwickelt [74]. Die zu gefrierende Flüssigkeit musste dabei, neben den auch für die überkritische Trocknung notwendigen Bedingungen der Mischbarkeit und der Verträglichkeit, mit den verwendeten Materialien weitere Anforderungen erfüllen: Eine Tripelpunkttemperatur unweit der Raumtemperatur um starke Temperaturänderungen zu vermeiden sowie einen möglichst kleinen Dichtesprung beim Gefrieren, um Spannungen gering zu halten. Der untersuchte Gefriertrocknungsprozess basiert daher auf der Verwendung von Cyclohexan (C_6H_{12}), das bereits bei etwa 6 °C gefriert und so einen Erstarrungsvorgang mit handelsüblichen Peltierelementen ermöglicht. Das unter den Tripelpunkt gekühlte C_6H_{12} wird daraufhin in einem Vakuumofen sublimiert. Bei der Betrachtung der überkritisch- oder gefrier-getrockneten Proben im REM wird deutlich, dass diese Trocknungsverfahren für die vorliegenden Strukturen keinen signifikanten Vorteil gegenüber der Lufttrocknung besitzen. Das Hauptproblem der Clusterung bleibt bestehen und zusätzlich machen stellenweise Rückstände die Strukturen unbrauchbar (Abb. 4.8.3).

Obwohl die bisher vorgestellten Ätz- und Trocknungsprozesse zur Herstellung freistehender Strukturen in der Mikrosystemtechnik erfolgreich verwendet werden, scheinen für Nanostrukturen höhere Anforderungen zu gelten. Es ist möglich, dass eine Clusterung der kleinen und eng beieinander stehenden Strukturen bereits durch eine Krafteinwirkung wegen der Fluidströme während des Ätzens oder während des Flüssigkeitsaustausches erfolgt, sodass die Wahl eines geeigneten, anschließenden Trocknungsverfahren hinfällig ist.

4.8.2 Trockenchemische Ätzung

Nasschemische Ätzprozesse sind zur Entfernung einer Opferschicht durch ihre grundsätzlich hohe Selektivität und Isotropie prädestiniert. Dennoch schien es aus oben genannten Gründen für diese Arbeit unabwendbar, ein ohne Flüssigkeiten auskommendes Trockenätzverfahren zu entwickeln, um freistehende, nicht clusternde, bewegliche Aktorstrukturen zu erzeugen. Der Einsatz eines RIE-Prozesses bekommt hier gegenüber einem IE-Prozess den Vorzug, denn das Ziel ist, einen chemischen, isotropen Ätzbeitrag gegenüber dem gerichteten, physikalischen Abtrag zu erhöhen. Desweiteren verspricht die Verwendung eines fluorhaltigen Ätzgases gegenüber einem chlorhaltigen Ätzgas ein reaktionsfreudigeres Verhalten, liegt doch die Siedetemperatur des Ausgangsproduktes SiF_4 mit -95 °C deutlich unter der des $SiCl_4$ mit 52 °C. Da Fluor auch mit Titan reagiert, eine laterale Ätzung desselben aber vermieden werden soll, wird zu dem Prozessgas SF_6 etwas Sauerstoff zur Titanseitenwandpassivierung beigemischt.

Wie in der REM-Schrägansicht in Abb. 4.8.4 zu erkennen, führt ein geeigneter Parametersatz zu einer Unterätzung der Balkenstrukturen. Hierbei beträgt die laterale Siliziumätzrate etwa ein Fünftel der vertikalen Ätzrate. Das Freiätzen 400 nm breiter Strukturen ist also mit einer vertikalen Ätztiefe von etwa 1 µm verbunden. Der Vorteil, das Siliziumsubstrat als Opferschicht zu gebrauchen, liegt hier auf der Hand: Während die Distanz Struktur-Substrat sonst auf die Dicke einer Opferschicht beschränkt ist, kann hier durch Verlängerung der Ätzzeit die Ätztiefe in einem weiten Bereich eingestellt werden. Die Bestimmung der Selektivität Gold/Silizium ist durch die ungenaue Messung der ursprünglich nur 20 nm dicken Goldschicht schwierig. Sie dürfte bei Au/Si = 200-300 liegen und so je nach verbleibender Goldschichtdicke noch einige Mikrometer Siliziumätzung erlauben.

Mit diesem Ätzprozess ist es möglich, freistehende Strukturen zu erhalten, die nicht aneinander oder auf dem Substrat haften und auch keine Rückstände aufweisen. Sowohl Aktorstrukturen mit gesputtertem NiFe (Abb. 4.8.4 oben/rechts) als auch solche mit magnetischen Partikeln (Abb. 4.8.4 unten/links) lassen sich auf diese Weise freistehend über dem Substrat realisieren. Ein Ätzangriff des SF_6 auf die NiFe-Inseln bzw. auf die Partikel ist zu berücksichtigen. Die Oberfläche der Partikel nach dem Ätzen wirkt etwas rauher als vorher (Abb. 4.8.4 unten/rechts), auch kleine NiFe-Inseln werden merklich reduziert. Der Ätzangriff kann minimiert werden, indem vor der Durchführung des DW-Verfahrens die Strukturen etwas unterätzt werden (Abb. 4.8.4 oben/links). Der zur Freilegung der Strukturen notwendige Ätzprozess verkürzt sich dann entsprechend.

4.9 Zusammenfassung

Ausgehend von der Idee eines einseitig eingespannten Nanobiegebalkens mit magnetischem Element am freien Ende wurden verschiedene Herstellungsprozesse getestet, untersucht und gegebenenfalls verglichen. Die Wahl der Materialkombination Gold/Titan/Silizium erwies sich bei allen Prozessschritten als überaus geeignet. Dabei hat Gold als Hartmaske, Haft- und Galvanikstartschicht für den Herstellungsprozess eine zentrale Bedeutung.

Die ESL als primäres Nanostrukturierungsverfahren mit PMMA und MIBK/IPA als Resist-Entwickler System erlaubt kritische Strukturgrößen weit unterhalb von 100 nm. Trockenchemische Ionenätzverfahren mit Argon und SF_6 als wesentliche Prozessgase gewährleisten einen maßhaltigen Übertrag der Balkenstrukturen vom Resist in den Schichtverbund Gold/Titan.

Zur Realisierung einer weiteren Ebene, die justiert und oberhalb der bestehenden Strukturen integriert werden soll, wurde das DW-Verfahren erfolgreich angewendet. Bei der Integration von NiFe in die durch das DW-Verfahren strukturierte Resistebene konnten mit einem Magnetronsputterprozess die Schichthöhe und die Schichtzusammensetzung sehr gut kontrolliert werden. Im Gegensatz dazu ist die Zusammensetzung des galvanisch abgeschiedenen Materials zumindest fraglich.

Neben NiFe war außerdem die tropfenverdunstende Deposition von magnetischen Partikeln auf den freien Balkenenden erfolgreich. Welchem Verfahren zur Integration eines magnetischen Elementes den Vorzug gegeben wird, hängt letztlich von der Art der Anwendung ab. Der Vorteil in der Deposition magnetischer Partikel liegt darin, dass die Partikel einen sehr kleinen Variationskoeffizienten haben, es also möglich ist quantisierte und definierte Massen an Material auf eine gewünschte Position abzuscheiden und damit auch entsprechend quantisierte Auslenkungen eng benachbarter Strukturen zu ermöglichen. Auf der anderen Seite ist es mit dem Sputterprozess möglich, neben NiFe auch andere Elemente oder Legierungen abzuscheiden und damit Materialparameter nach Bedarf zu variieren.

Zur Unterätzung der Aktorstrukturen war ein trockenchemischer Ätzprozess dem nasschemischen Ätzen mit KOH trotz Gefrier- bzw. Kritischer-Punkt-Trocknung deutlich überlegen. Der gesamte Prozessablauf erlaubt eine Dimensionierung der Aktorstrukturen und damit auch wichtiger mechanischer Eigenschaften wie Federkonstanten oder Resonanzfrequenzen über einen großen Bereich. Die unteren Grenzen sind über die ESL und die nachfolgenden Ätzprozesse auf den zweistelligen Nanometerbereich limitiert. Ausgenommen hiervon ist die Balkenhöhe, die über das aufgebrachte Schichtsystem determiniert wird und bei der Verwendung geeigneter Depositionsverfahren Werte unter 10 nm erreichen kann.

Abbildung 4.8.4: REM-Aufnahmen trockenchemisch unterätzter Aktorstrukturen. Links oben: Teilweise unterätzte Balken ohne magnetisches
Element. Rechts oben: Freistehende Balken mit NiFe. Das Inset zeigt ma-
gnetisierte Balken mit der kleinsten realisierten Breite von 100 nm. Links
unten: Freistehende Strukturen mit Magnetpartikeln. Rechts unten: Ver-
größerter Ausschnitt aus der nebenstehenden Aufnahme. Der Ätzangriff
führt zu einer Aufrauhung der Polystyroloberfläche. Die Skalen betragen
1 µm.

Kapitel 5

Charakterisierung

Genügen zur Bestimmung von Größe, Form und Oberflächenbeschaffenheit noch die bildgebenden Verfahren des RKM und des REM, bedarf es zur Bestimmung weiterer physikalischer Eigenschaften anderer Charakterisierungsmethoden, die Gegenstand dieses Kapitels sind. Die zur Bewegungserzeugung entscheidende Eigenschaft der Nanoaktoren ist ihr Verhalten im magnetischen Feld, das sich einerseits aus dem Magnetismus der integrierten Schicht, andererseits aus der Mechanik der Balkenstruktur bestimmt.

5.1 Magnetische Charakterisierung

Das magnetische Element auf den Vorderenden der freistehenden Strukturen besteht im vorliegenden Fall entweder aus einer gesputterten NiFe-Schicht mit Dimensionen unterhalb einem μm^3 oder aus eisenoxidhaltigen Partikeln mit einem Radius von 180 nm. Der Nachweis magnetischer Nanostrukturen mit zugänglichen Messmethoden wie Hallsonde, „Vibrating Sample Magnetometer" (VSM) oder „Alternating Gradient Magnetometer" (AGM) ist wegen der schwachen Wechselwirkung nicht möglich. Supraleitende Quanteninterferenzeinheiten (SQUIDs) können zwar sehr präzise kleinste Änderungen des magnetischen Flusses detektieren, benötigen aber eine Kühlung mit flüssigem Helium oder Stickstoff und erreichen keine Ortsauflösung im sub-μm Bereich. Die Kombination eines SQUID mit einem REM in der Tieftemperatur-Rasterelektronen-mikroskopie ist dagegen mit einem hohen gerätetechnischen Aufwand verbunden und stand im Rahmen dieser Arbeit nicht zur Verfügung.

Die Aufspaltung der magnetischen Charakterisierung in eine hoch-ortsaufgelöste qualitative und eine nicht-ortsaufgelöste quantitative Messung erlaubt die Verwendung der magnetischen Kraftmikroskopie (MFM) an Nanostrukturen und gängige Magnetisierungsmessungen an makroskopischen Probenstücken.

Bei der MFM werden als Sonden hartmagnetisch beschichtete RKM-Cantilever benutzt, deren Wechselwirkung mit magnetischen Proben indirekt detektiert werden kann [75]. Bei der Annäherung des magnetischen RKM-Cantilevers an die Probe kommt es zu einer Überlagerung verschiedener Kräfte, die zuerst zu einer attraktiven, bei weiterer Annäherung dann zu einer repulsiven Wechselwirkung führen. Die attraktiven Wechselwirkungen bestehen im Wesentlichen aus Van-der-Waals Kräften, permanenten Dipol-Dipol Wechselwirkungen und im vorliegenden Fall auch noch aus magnetischen Kräften zwischen Struktur und Cantilever. Die repulsive Kraft resultiert aus dem Pauli-Prinzip und wird oft mit den Van-der-Waals Kräften im Lennard-Jones-Potential zusammengefasst. Dabei fällt der repulsive Anteil des Potentials mit der zwölften Potenz des Abstandes ab, während der attraktive Anteil nur mit etwa der sechsten Potenz abfällt.

$$V(r) \sim \left(\frac{\sigma}{r}\right)^{12} - \left(\frac{\sigma}{r}\right)^{6} \tag{5.1.1}$$

In der MFM wird nun ausgenutzt, dass die Magnetkräfte mit dem Abstand anders skalieren ($\sim \frac{1}{r^2}$) als die Kräfte des Lennard-Jones-Potentials. In einem ersten Scan des RKM über die Probe befindet sich der magnetisch beschichtete und oszillierende Cantilever in unmittelbarer Nähe der Oberfläche. Änderungen der Cantileverfrequenz und -phase sind auf Änderungen der wirkenden Kraftsumme aus Pauliabstoßung, Van-der-Waals Kraft und Magnetkraft zurückzuführen, wobei die Magnetkraft von den anderen Kräften in der Nähe der Oberfläche dominiert wird. Fügt man die Phasenverschiebung in jedem Punkt des Scans zusammen, ergibt sich die Topografie der Probe, nur unwesentlich verzerrt durch die wirkenden Magnetkräfte. In einem zweiten Scan wird der magnetische RKM-Cantilever 80-100 nm über die Probe angehoben und entlang der zuvor aufgenommenen und gespeicherten Topografie gerastert. In dieser Entfernung zur Probe ändert sich das Kräfteverhältnis aus Pauliabstoßung, Van-der-Waals- und Magnetkraft zugunsten der verhältnismäßig langreichweitigen Magnetkraft, sodass Änderungen der Cantileverphase im Wesentlichen auf eine Änderung der Magnetkraft zurückgeführt werden können.

Mit den solchermaßen erhaltenen und zusammengesetzten Informationen lässt sich also das Streufeld der Probe detektieren und innerhalb der gerasterten Fläche auch relativ zueinander vergleichen. Eine absolute Bestimmung der Stärke des Streufeldes ist dagegen nicht möglich. Dank eines RKM-Spitzenradius von ≤ 50 nm können magnetische Nanostrukturen unter 100 nm aufgelöst werden. Die Detektion der in dieser Arbeit untersuchten Proben ist mit dieser Methode also möglich.

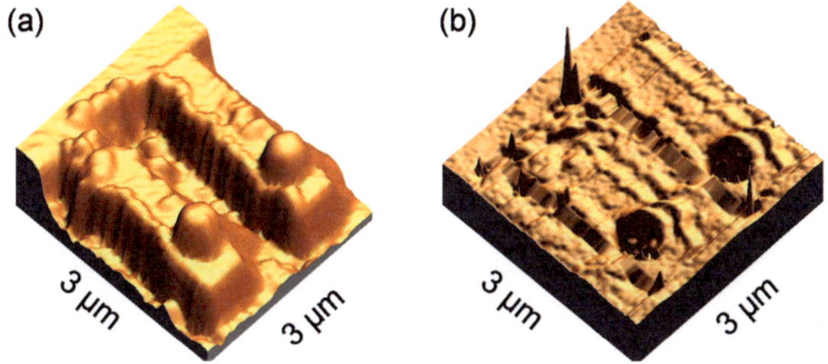

Abbildung 5.1.1: MFM-Charakterisierung einer partikelbehafteten Probe. (a) Topografie (b) Phasenbild der magnetischen Wechselwirkung.

Abb. 5.1.1 (a) zeigt einen Ausschnitt der partikelbehafteten Probe von der Größe 3 x 3 µm², in dem die Topografie zweier Balken mit integriertem Partikel auf dem Vorderende deutlich zu sehen ist. Das zugehörige Magnetbild in Abb. 5.1.1 (b) lässt die Topografie nur noch erahnen, bildet aber an der Stelle der Partikel eine signifikante Phasenverschiebung aus, die eine attraktive magnetische Wechselwirkung an diesen Stellen kennzeichnet.

Entsprechend der partikelbehafteten Probe sind in Abb. 5.1.2 (a) und (b) Topografie und Magnetbild der mit NiFe besputterten Probe zu sehen. Auch hier bilden sich im Topografiebild die Balkenstrukturen deutlich ab. Die Vorderenden sind dabei um die Fläche und Dicke der NiFe-Inseln erhöht. Aus dem zugehörigen Magnetbild (b) wird ersichtlich, dass eine attraktive magnetische Wechselwirkung nur an denjenigen Stellen stattfindet, an denen sich das aufgesputterte Material befindet. Das im Vergleich zu der partikelbehafteten Probe bessere Signal-Rausch-Verhältnis weist auf eine stärkere magnetische Wechselwirkung zwischen Cantilever und Probe hin.

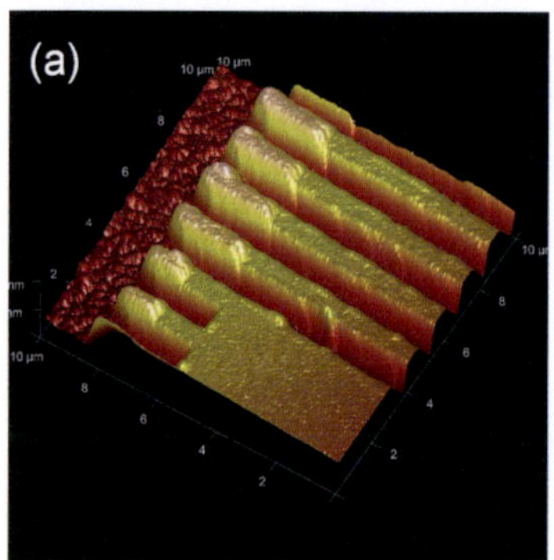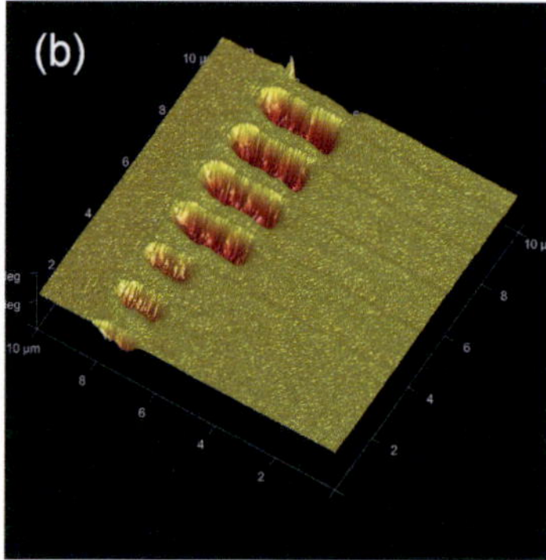

Abbildung 5.1.2: MFM-Charakterisierung einer mit NiFe beschichteten Probe. (a) Topografie (b) Phasenbild der magnetischen Wechselwirkung. Die gerasterte Fläche umfasst 5 x 5 µm².

Mit MFM-Messungen kann also die zur Bewegungserzeugung notwendige magnetische Wechselwirkung zwischen den integrierten magnetischen Nanoelementen und einem externen Magnetfeld, das in diesem Falle von der hartmagnetisch beschichteten RKM-Spitze erzeugt wurde, grundsätzlich nachgewiesen werden.

Um zusätzlich quantitativ eine Vorstellung von der magnetischen Wech-

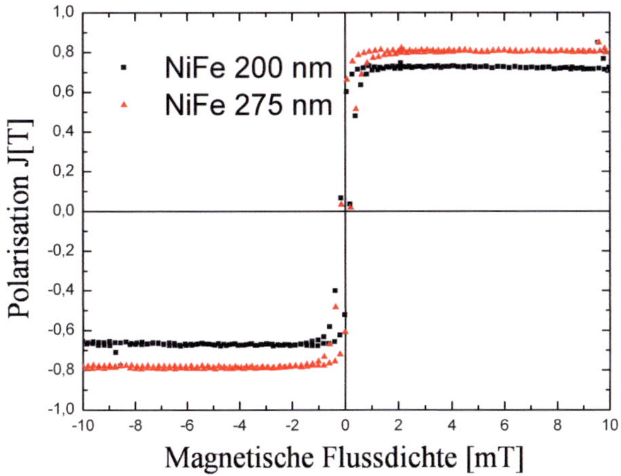

Abbildung 5.1.3: Polarisation zweier unterschiedlich dicker NiFe-Schichten.

selwirkung zu bekommen, werden makroskopische Mengen des gesputterten NiFe bzw. der Partikel mit zugänglichen Messmethoden untersucht. Parallel zur NiFe-Beschichtung der im DW-Verfahren belichteten Proben werden etwa 25 mm² große, unmaskierte Siliziumplättchen demselben, in Kapitel 4.6.2 beschriebenen, Sputterprozess ausgesetzt. Das beschichtete Plättchen wird daraufhin in einem VSM mit einer Flussdichte von +/-10 mT vermessen. Der Verlauf der Polarisation ist im Hysteresediagramm in Abb. 5.1.3 dargestellt. Die aus dem Diagramm entnommenen Werte der Sättigungspolarisation, Suszeptibilität, Remanenz und Koerzitivität sind in Tab. 5.1.1 aufgeführt. Die für Ferromagneten üblichen hohen Suszeptibilitäten stehen einem für Weichmagnete typischen niedrigen Koerzitivfeld gegenüber. Während eine höhere NiFe-Schichtdicke auch eine höhere Sättigungspolarisation und Suszeptibilität nach sich zieht, ändert sich das Koerzitivfeld nicht signifikant in Abhängigkeit der Schichtdicke.

Zur Bestimmung des Polarisationsdiagramms der eisenoxidhaltigen

Tabelle 5.1.1: Sättigungspolarisation, Suszeptibilität, Remanenz und Koerzitivfeld der NiFe-Schichten aus 5.1.3.

Schichtdicke	200 nm	275 nm
Sättigungspolarisation	0,69 T	0,78 T
Suszeptibilität	2400	2700
Remanenz	0,47 T	0,51 T
Koerzitivfeld	0,2 μT	0,19 μT

Partikel wurde eine Partikelmasse von etwa einem halben Mikrogramm in einem AGM mit den maximalen Feldstärken +/- 1 T vermessen (Abb. 5.1.4). Es ergibt sich eine Sättigungspolarisation die mit etwa 0,07 T eine Größenordnung unter der des NiFe bleibt. Auffallend ist, dass auch bei entsprechender Vergrößerung der x-Achse keine Hystereseform ausgemacht werden kann. Das Fehlen von Remanenz und Koerzitivfeld deutet auf paramagnetisches Verhalten hin. Da es sich um nanoskalige Teilchen eines an sich ferromagnetischen Materials handelt und die Sättigungsmagnetisierung über der von Paramagneten liegt, kann von einem superparamagnetischen Verhalten gesprochen werden.

5.2 Mechanische Charakterisierung

Neben dem Verhalten des magnetischen Elementes in einem externen Feld ist zur Bestimmung der Auslenkung oder der Dynamik die Kenntnis der Federkonstanten der Balkenaktoren nötig. Zwar ist es mit dem Wissen der Materialparameter möglich, die Federkonstanten zu berechnen, jedoch können die den Berechnungen zugrunde liegenden Theorien nicht allen Bedingungen der realen Strukturen gerecht werden.

Die experimentelle Bestimmung der Federkonstanten bedarf im Nanometerbereich ortsaufgelöster Messmethoden, kombiniert mit einer Kraftsensitivität, die aufgrund theoretischer Abschätzungen im Nanonewtonbereich anzusiedeln ist. Grundsätzlich geeignet für solche Messungen ist das RKM, dessen piezogestützte Steuerung eine nanometergenaue Posi-

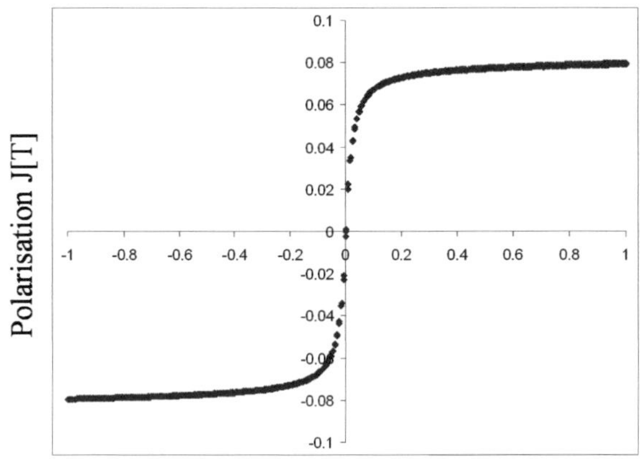

Abbildung 5.1.4: Polarisation der Partikel.

tionierung erlaubt. Über die laserdetektierte Biegung der Mikrocantilever ist bei Kenntnis der Federkonstanten die Berechnung der wirkenden Kraft möglich. Ein Problem besteht darin, dass die Bildgebung mittels RKM auf einer mechanischen Abtastung der Topografie und damit auf einer Kraftwirkung zwischen Probe und RKM-Cantilever beruht. Die dabei wirkenden Kräfte können freistehende und entsprechend empfindliche Nanostrukturen verbiegen und zerstören, was einerseits zu unbrauchbaren Topografiebildern und andererseits zur Änderung oder Zerstörung des zu messenden Systems führt.

Um den Kontakt des RKM-Cantilevers mit den Aktorstrukturen zu minimieren, wurden nicht freistehende Hilfsstrukturen in definierten Abständen zu den zu messenden Strukturen integriert. Nach der Detektion der Hilfsstrukturen wurde der Cantilever angehoben, um den definierten Abstand zur Aktorstruktur hin verschoben und damit über der Sollstelle der Kraftmessung positioniert. Ein Absenken des RKM-Cantilevers bei gleichzeitiger Messung der Auslenkung ergibt ein Auslenkungs-Weg-Diagramm, das bei Kenntnis der Federkonstanten des Cantilevers in ein Kraft-Weg-Diagramm umgewandelt werden kann.

Reproduzierbare Messungen an freistehenden Nanostrukturen konnten mit diesem Verfahren jedoch nicht durchgeführt werden. Das größte Hindernis besteht darin, ohne Ansicht der Strukturen quasi blind zu messen und dementsprechend nicht entscheiden zu können, ob die Cantileverspitze mittig auf den freiliegenden Vorderenden der Balkenstrukturen aufliegt. Ein dezentriertes Aufliegen der Cantileverspitzen kann ein seitliches Abgleiten während der Messung verursachen, die Messung dadurch verfälschen und die Strukturen beschädigen. Da die Messungen bei Umgebungsdruck stattfinden, kommen erschwerend durch dünne Wasserfilme auf den Oberflächen erzeugte Kapillarkräfte zwischen Cantileverspitze und Balkenstruktur hinzu, die sich in sogennannten Snap-in-Effekten, vor allem aber in Snap-out-Effekten niederschlagen. Dabei bezeichnet „Snap-in" die durch Kapillarkräfte verursachte, schlagartige Anziehung der Cantileverspitze auf die Probenoberfläche, während mit „Snap-out" der gegenteilige Effekt der plötzlichen Loslösung bezeichnet wird, der immer dann eintritt, wenn die durch die Verbiegung erzeugte Rückstellkraft die Kapillarkraft übersteigt. Vor allem der Snap-out-Effekt kann bei der Rückstellung des Cantilevers zu einer Auslenkung der Balkenstrukturen von mehreren hundert Nanometern führen, wobei dann unklar ist, ob die Struktur diese Prozedur unbeschadet überstanden hat und einer weiteren Messung ausgesetzt werden kann.

REM-Aufnahmen der Strukturen nach den RKM-Messungen lassen erkennen, dass ein Großteil der Strukturen durch die Messung zerstört wird. Obwohl RKM-Messungen unter Vakuum das Problem des Snap-out-Effektes umgehen würden, bliebe doch die nicht zu vermeidende Unschärfe bezüglich der Messposition. Aus diesem Grund werden in einer neuen Versuchsanordnung die Vorteile der kraftauflösenden RKM-Messung mit dem bildgebenden Potential des unter Vakuum stehenden REMs kombiniert.

Dabei wird ein piezogesteuerter Mikromanipulator mit einem Cantilever versehen, dessen Verbiegung eine Spannungsänderung über der piezoresistiven Rückseitenbeschichtung hervorruft, die bei geeigneter Kontaktierung detektiert werden kann. Der Vorteil besteht im Wesentlichen darin, die Messung über den Betrieb des REMs beobachten zu können. Die Cantileverspitze kann so gezielt und zentriert auf die Vorderenden der Balkenstrukturen abgesetzt werden, dass jedes Abgleiten der Spitze sowie eine eventuelle Zerstörung der Strukturen sofort detektiert wird.

Die verwendeten Messcantilever haben eine Länge von 400 µm, eine Breite von 50 µm und eine Höhe von 5 µm. Im vorderen Bereich des Cantilevers befindet sich bei halber Breite eine kegelförmig zulaufende Siliziumspitze mit einer Höhe von etwa 5 µm und einem Radius von wenigen zehn Nanometern. Der Einbau des Cantilevers erfolgt parallel zu den zu untersuchenden Strukturen. Eine Neigung der Strukturen und damit auch des Cantilevers relativ zum einfallenden Elektronenstrahl ist aus zwei Gründen erforderlich.

(a)   Das erhaltene REM-Bild ist zweidimensional, die Auslenkung der Balken darf also nicht senkrecht zur Bildebene verlaufen, sonst ist sie nicht messbar.

(b)   Die Cantileverrückseite schirmt die Spitze vom einfallenden Elektronenstrahl ab, sodass eine Mindestneigung von $tan(\alpha) = \frac{25\,\mu m}{5\,\mu m} \Rightarrow \alpha = 79°$ nötig ist, um die Spitze im REM-Bild zu sehen.

Da eine Neigung von $\geq 90°$ ebenfalls nicht sinnvoll ist, bleibt ein Neigungsfenster von etwa $79° < \alpha < 90°$. Da eine Positionierung der Spitze auf den Balkenmitten umso schwieriger wird je kleiner die Balkenprojektion ist, wird für das Experiment eine Neigung von etwa 80° gegenüber dem einfallenden Strahl gewählt (Abb. 5.2.1).

Ist die Cantileverspitze mittig auf dem Vorderende eines freistehenden Balkens positioniert, kann der Balken senkrecht zur Probenebene ausgelenkt werden. Die Projektion der Auslenkung wird dabei über die REM-Software quantifiziert und kann mit Hilfe des Neigungswinkels in die tatsächliche Auslenkung umgerechnet werden. Gleichzeitig wird mit einer Abtastrate von einem Hertz die durch die Cantileververbiegung induzierte Spannungsänderung der piezoresistiven Beschichtung gemessen. Eine elektronenoptische Bestimmung der Cantileverauslenkung ist

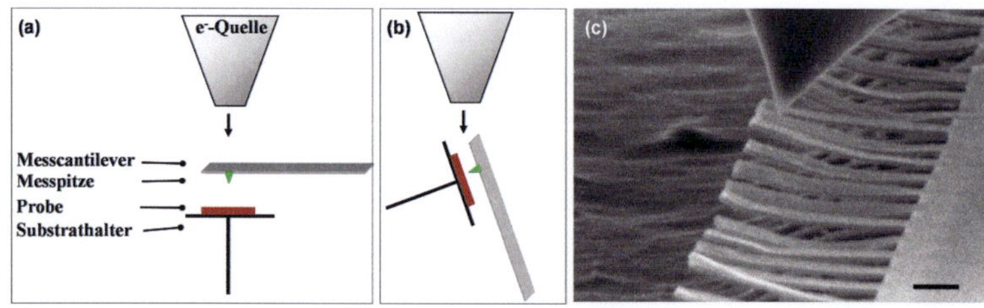

Abbildung 5.2.1: (a) Skizze der Versuchsanordnung im REM. Bei einem senkrecht zur Beobachtungsrichtung (Pfeil) eingebauten Messcantilever verhindert die Abschattung eine Betrachtung von Messpitze (grün) und Probe (rot). (b) Eine Neigung von Probe und Cantilever um 80 ° gibt den Blick auf Probe und Messpitze frei. (c) Momentaufnahme einer Messung im REM. Freistehende Balken werden mit dem äußersten Ende der Messspitze (große Spitze im Bild oben mittig) kontaktiert. Die Skala beträgt 500 nm.

wegen der Unvereinbarkeit der Cantileverdimension mit der für Nanostrukturen nötigen Vergrößerung nicht möglich. Der Zusammenhang zwischen Spannungsänderung und wirkender Kraft ist linear und wird vor oder nach der Messung in einem separaten Aufbau anhand eines Kupferkalibrierdrahtes mit bekannter Federkonstante bestimmt.

Alle Messungen erfolgen an beweglichen Balkenstrukturen mit den Abmessungen Länge x Breite x Höhe = 2,5 x 0,4 x 0,05 µm³. Das mechanische Verhalten der Nanobalken gleicht der seines makroskopischen Pendants. Große Auslenkungen senkrecht zur Substratebene sind möglich, ohne dass die Struktur bricht oder plastisch verformt wird. Demgegenüber steht eine vergleichsweise hohe Knick-Wahrscheinlichkeit gegenüber Kräften, die entweder parallel zur Substratebene oder in Nähe der Einspannstelle angreifen. Snap-in- und Snap-out-Effekte werden dank der Hochvakuumbedingungen sowie der kleinen Kontaktfläche zwischen Spitze und Balken nicht beobachtet.

Ohmsche Widerstände sowie der unvermeidliche Elektroneneinfall auf die piezoresistive Beschichtung führen zu einem nicht unerheblichen Rauschen in den Messdaten. Geringe Signalverstärkungen sowie Beschleunigungsspannungen unterhalb von 5 kV verbessern das Signal-Rausch-Verhältnis. Dennoch führen die Abweichungen der Messwerte zu nicht unerheblichen Unsicherheiten bei den Messergebnissen. Während dank der Verwendung ausschließlich kalibrierter Messgeräte bei Reinraumbedingungen und Vakuum keine systematischen Fehlerquellen identifiziert werden können, führen zufällige Fehler zu einer Unsicherheit der Auslenkungsmesssung, der Spannungs- und der Skalierfaktorbestimmung.

Dabei berechnet sich die Federkonstante D aus der gemessenen Spannung U, dem gemessenen Skalierfaktor S und der gemessenen Auslenkung A zu:

$$D = \frac{S \cdot U}{A} \tag{5.2.1}$$

Änderungen der Variablen schlagen sich in Änderungen der Funktion D nieder. Bei einer Variablen kann die Änderung der Funktion mit einer Taylorreihenentwicklung abgeschätzt werden:

$$D = D(x) \rightarrow D(x + \triangle x) \sim D(x) + \frac{dD}{dx} \cdot \triangle x + ... \tag{5.2.2}$$

Für kleine Änderungen $\triangle x$ kann die Entwicklung nach dem linearen Glied abgebrochen werden. Für den vorliegenden Fall ergibt sich:

$$D(S + \triangle S, usw...) \sim D(S, U, A) + \frac{\partial D}{\partial S} \cdot \triangle S + \frac{\partial D}{\partial U} \cdot \triangle U + \frac{\partial D}{\partial A} \cdot \triangle A \tag{5.2.3}$$

Also

$$\triangle D \sim \frac{\partial D}{\partial S} \cdot \triangle S + \frac{\partial D}{\partial U} \cdot \triangle U + \frac{\partial D}{\partial A} \cdot \triangle A \tag{5.2.4}$$

Der Mittelwert einer Größe (arithmetisches Mittel) berechnet sich aus der Summe aller Messwerte geteilt durch die Anzahl der Messerte:

$$D_{Mittel} = \frac{\sum D_i}{n} \tag{5.2.5}$$

Der einzelne Messwert streut um den Mittelwert in Form einer Gaußschen Normalverteilung. Die einfache Standardabweichung der Messung ergibt eine Wahrscheinlichkeit von etwa 68 % einen Messwert innerhalb des Intervalls $\pm\sigma$ zu finden und berechnet sich aus Mittelwert und Messwerten zu:

$$\sigma = \sqrt{\frac{1}{n-1}\sum(Messwert - Mittelwert)^2} \qquad (5.2.6)$$

Der mittlere Fehler des Mittelwertes und damit die Unsicherheit der Messung ergibt sich aus Standardabweichung, t-Faktor und Anzahl der Messwerte zu:

$$S_{MFM} = t \cdot \sigma \cdot \sqrt{\frac{1}{n}} \qquad (5.2.7)$$

Wobei der t-Faktor eine Korrektur für Messreihen mit einer kleinen Anzahl an Messwerten darstellt [76]. Das Gaußsche Fehlerfortpflanzungsgesetz stellt den Zusammenhang zwischen dem mittleren Fehler des Mittelwertes einer Funktion mit den mittleren Fehlern der Mittelwerte ihrer voneinander unabhängigen Größen dar:

$$D_{MFM} = \sqrt{\left(\frac{\partial D}{\partial S}\cdot S_{MFM}\right)^2 + \left(\frac{\partial D}{\partial U}\cdot U_{MFM}\right)^2 + \left(\frac{\partial D}{\partial A}\cdot A_{MFM}\right)^2}$$
$$(5.2.8)$$

Und nach partieller Ableitung nach 5.2.1 sowie Division der Mittelwerte:

$$\frac{D_{MFM}}{D_{Mittel}} = \sqrt{\left(\frac{S_{MFM}}{S_{Mittel}}\right)^2 + \left(\frac{U_{MFM}}{U_{Mittel}}\right)^2 + \left(\frac{A_{MFM}}{A_{Mittel}}\right)^2} \qquad (5.2.9)$$

Die akkumulierten Messwerte aus der Kalibrierung und der Spannungsmessung sind in Abbildung 5.2.2 dargestellt. Die verschiedenen Diagramme spiegeln die wirkenden Kräfte bei verschiedenen Auslenkungen eines Balkens mit den Dimensionen 2,5 x 0,4 x 0,05 μm^3 wider. Dabei ist auf den Balkenvorderenden eine NiFe-Schicht von etwa 1 x 0,4 x 0,2 μm^3 integriert. Angegeben sind neben den Messwerten auch Mittelwerte und Standardabweichungen der Messreihen. Eine Balkenauslenkung von 230 nm benötigt eine mittlere Kraft von etwa 110 nN. Diese Rückstellkraft steigt erwartungsgemäß mit höherer Auslenkung von 110 nN bei 230 nm bis zu etwa 290 nN bei 490 nm Auslenkung. Bei

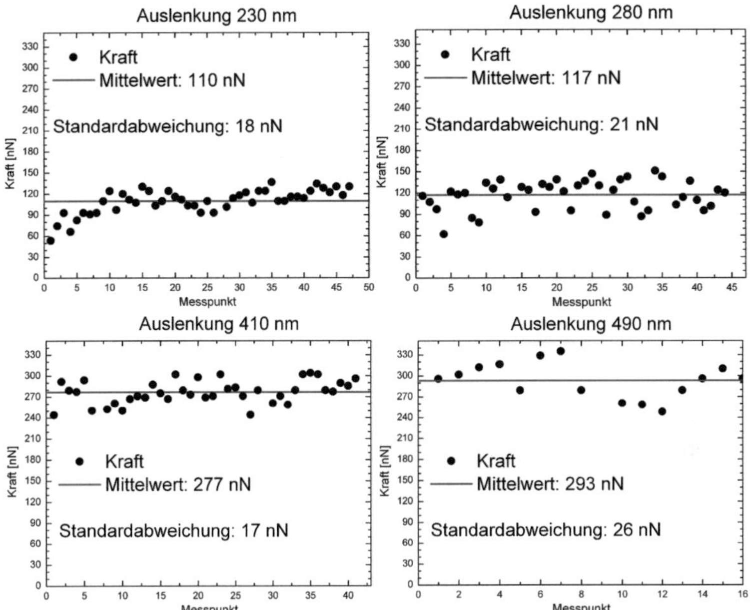

Abbildung 5.2.2: Kraft-Diagramme für verschiedene Auslenkungen. Rot eingezeichnet ist der jeweilige Mittelwert.

ähnlicher Streuung der Messwerte skaliert die Standardabweichung im Wesentlichen mit der Anzahl der Messpunkte.

Die Federkonstante berechnet sich gemäß des Hookeschen Gesetzes für jede Auslenkung zu:

$$D_{230nm} = 0,48 \text{ N/m mit } 14 \text{ \% rel. Fehler}$$

$$D_{280nm} = 0,41 \text{ N/m mit } 12 \text{ \% rel. Fehler}$$

$$D_{410nm} = 0,67 \text{ N/m mit } 9 \text{ \% rel. Fehler}$$

$$D_{490nm} = 0,60 \text{ N/m mit } 8 \text{ \% rel. Fehler}$$

Dabei wurde der relative, mittlere Fehler des Mittelwertes gemäß der Gaußschen Fehlerfortpflanzung (Formel 5.2.9) ermittelt. Für die Auslenkung erfolgte eine Größtfehlerabschätzung von ± 30 nm unabhängig von der Höhe der Auslenkung, was zu sinkendem relativen Fehler mit steigender Auslenkung führt.

Bemerkenswert ist die signifikant höhere Federkonstante bei Auslenkungen über 400 nm. Es ist denkbar, dass bei der Auslenkung eines 2,5 µm langen Balkens um ca. 20 % seiner Länge ein linearer Zusammenhang zwischen der elastischen Verformung eines Körpers und der einwirkenden Belastung nicht mehr gegeben ist und das Hookesche Gesetz bei diesen Auslenkungen demnach seine Gültigkeit verlieren könnte. Der theoretische Zusammenhang zwischen der Federkonstante eines Biegebalkens und seinen Parametern wie Dimension, Geometrie und Material kann ermittelt werden, indem die auf den Balken der Länge L wirkende senkrechte Kraft F durch das Drehmoment M ausgedrückt wird:

$$F \cdot (L - x) = -M(x) \tag{5.2.10}$$

Das Drehmoment M wiederum hängt linear von E-Modul E, Flächenträgheitsmoment J und Krümmung des Balkens κ ab.

$$M = E \cdot J \cdot \kappa \tag{5.2.11}$$

Die Krümmung des Balkens ist die zweite Ablenkung der Auslenkung s nach dem Abstand x:

$$\frac{d^2 s}{dx^2} = \kappa \tag{5.2.12}$$

Damit ergibt sich die Krümmung zu:

$$\frac{d^2 s}{dx^2} = \frac{F \cdot (L - x)}{E \cdot J} \tag{5.2.13}$$

Zweimaliges Integrieren liefert:

$$s(x) = \frac{-F \cdot x^3}{6 \cdot E \cdot J} + \frac{F \cdot L \cdot x^2}{2 \cdot E \cdot J} + C_1 \cdot x + C_2 \tag{5.2.14}$$

Die Auslenkung an der Einspannstelle sowie die Neigung der Tangente an der Einspannstelle sind null:

$$s(0) = 0 \qquad und \qquad \frac{ds}{dx}\Big|_{x=0} = 0 \qquad (5.2.15)$$

Damit folgt $C_1 = C_2 = 0$. Die Auslenkung an der Stelle L ist also $s(L) = \frac{F \cdot L^3}{3 \cdot E \cdot J}$. Damit ergibt sich die Federkonstante $D = \frac{F}{s}$ zu

$$D = \frac{3 \cdot E \cdot J}{L^3} \qquad (5.2.16)$$

Das axiale Flächenträgheitsmoment J ist durch das Flächenintegral des Abstandquadrates zu der neutralen Faser definiert. Für einen Balken der Höhe h und der Breite b ergibt sich das Flächenträgheitsmoment bezüglich der x-Achse (Abb. 5.2.3) zu:

$$J = \int \int_{-\frac{b}{2}-\frac{h}{2}}^{+\frac{b}{2}+\frac{h}{2}} dx\,dy\,y^2 \qquad (5.2.17)$$

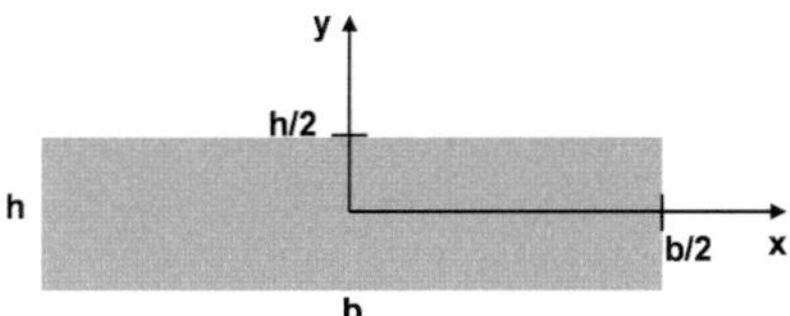

Abbildung 5.2.3: Balkenquerschnitt zur Berechnung des Flächenträgheitsmoment. Die Höhe des Balkens beträgt h, die Breite b.

Integrieren und Zusammenfassen ergibt

$$J = \frac{h^3 \cdot b}{12} \qquad (5.2.18)$$

Damit lässt sich die Federkonstante eines einseitig eingespannten Biegebalkens mit rechteckigem Querschnitt durch seine Abmessungen und den E-Modul bestimmen:

$$D = \frac{E \cdot h^3 \cdot b}{4 \cdot L^3} \qquad (5.2.19)$$

Die Annahmen, die der Theorie zugrunde liegen, sind ebene Balkenquerschnitte, auch nach Auslenkung senkrecht auf der Balkenachse stehende Querschnitte und Balkenlängen, die deutlich größer als die Querschnittsabmessungen sind (Euler-Bernoullische Annahmen). Die theoretische Federkonstante eines Balkens mit den Abmessungen 2,5 x 0,4 x 0,05 μm^3 beträgt bei einem E-Modul von Titan von 105 kN/mm² demnach 0,23 N/m.

Als Ursache für eine Abweichung der ermittelten Federkonstanten von ihrem theoretischen Wert kommen einerseits experimentelle Unzulänglichkeiten in Betracht. Es ist nicht möglich die Balken an ihrem äußersten Ende zu kontaktieren. Der Kraft-Angriffspunkt liegt immer etwas von der Kante entfernt. Zudem kann aufgrund der gekippten REM-Ansicht nicht davon ausgegangen werden, dass die Balken immer an ihrer halben Breite kontaktiert werden. Kommt es aber zu einem Versatz der Cantileverspitze von der Mittenposition der Balkenbreite, kann eine Verdrehung der Balken die rückwirkende Kraft bei gleicher Auslenkung erhöhen, was wiederum zu höheren Federkonstanten führt.

Andererseits muss beachtet werden, dass das Oberflächen zu Volumenverhältnis um die Größenordnung 10^5 bis 10^6 über dem von makroskopischen Balkenstrukturen liegt. Geht man von einer 3 nm dicken Oxidschicht an der Oberfläche aus, beträgt der Anteil an oxidiertem Titan bei einer Balkenhöhe von 50 nm über 10 % des Gesamtvolumens und führt so zu einer weiteren Erhöhung der Federkonstanten. Desweiteren könnten die numerischen Abweichungen der gemessenen Daten von ihrem theoretischen Wert auf einen Größeneffekt hindeuten. Steigende Federkonstanten bei sinkender Querschnittsgröße wurden bisher auch an Nanodrähten aus Silber, Blei und Zinkoxid beobachtet [77–79]. Der insbesondere bei Unterschreiten eines Drahtdurchmessers von 100 nm festgestellte Effekt wird auf die im Verhältnis zum Volumen zunehmende Oberflächenenergie und Oberflächenspannung zurückgeführt.

5.2.1   Magnetisch-mechanischer Nachweis

In einem qualitativen Experiment wurde die Kraftmessspitze durch einen hartmagnetisch beschichteten MFM-Cantilever ersetzt. Bei Annäherung der magnetischen MFM-Spitze an freistehende Titanbalken mit unmagnetisiertem NiFe konnte eine Auslenkung der Balkenstrukturen in Richtung MFM-Spitze beobachtet werden. Dabei war die Auslenkung bei Balkenstrukturen der Dimension 10 x 0,4 x 0,05 µm³ in der Größenordnung von 100 nm. Um den Einfluss nichtmagnetischer, attraktiver Kräfte auf die Auslenkung abschätzen zu können, wurde das gleiche Experiment mit einer unmagnetischen RKM-Spitze wiederholt. Im Vergleich zur magnetisch beschichteten Spitze führt eine Annäherung der unmagnetischen Spitze erst bei geringeren Abständen zu deutlich kleineren Auslenkungen der Balkenstrukturen. Die beobachtbare Auslenkung von etwa 100 nm bei Annäherung einer magnetischen Spitze ist also auf magnetische Wechselwirkungskräfte zwischen NiFe-Schicht und MFM-Cantilever zurückzuführen. Wie schon bei MFM-Messungen ist es hier aber nicht möglich, das Streufeld zu quantifizieren.

5.2.2   Kraft- und Auslenkungsabschätzung

Grundsätzlich lässt sich die Kraft zwischen einem Magneten und magnetisiertem Material mit Kenntnis des Materialvolumens, der Magnetisierung und des Gradientenfeldes am Ort der magnetisierten Schicht bestimmen (siehe Formel 2.4.12). Das Gradientenfeld eines MFM-Cantilevers ist nicht bekannt, für handelsübliche, makroskopische Permanentmagnete kann aber ein Gradient von 400 A/mm² angenommen werden. Die Kraft, die damit auf ein einzelnes Magnetpartikel ausgeübt werden kann, beträgt etwa 0,8 pN, auf eine NiFe-Insel mit den Dimensionen 2,5 x 0,4 x 0,3 µm³ dagegen etwa 90 pN. Dabei wurde die ermittelte Polarisation von 0,08 bzw. 0,78 T verwendet. Geht man von vier Magnetpartikeln pro Balken der Länge 10 µm aus, (Abb. 4.8.4) steht eine Kraft von 3,2 pN einer nach Formel 5.2.19 berechneten Federkonstante von ca. 1,6 mN/m gegenüber (E-Modul: 105 kN/mm², Länge: 10 µm, Breite: 400 nm, Dicke: 50 nm). Die Auslenkung betrüge in diesem Falle ca. 2 nm. Bei Verwendung der NiFe-Schicht führt sowohl die höhere Polarisation als auch die größere Masse zu einer höheren Auslenkung von ca. 60 nm.

5.3 Zusammenfassung

Ausgehend von der erfolgreichen Herstellung beweglicher, einseitig eingespannter Nanobalken mit einem magnetischen Element auf dem freien Ende wurden in diesem Kapitel die zur kontrollierten Bewegungserzeugung relevanten Eigenschaften untersucht. Während mit MFM-Messungen die Existenz, Position und Größe magnetisch wechselwirkender Elemente auf den Vorderenden der Strukturen nachgewiesen werden konnte, wurden Sättigungsmagnetisierung, Remanenz und Suszeptibilität mit einem VSM und AGM bestimmt. Dabei liegt die Sättigungspolarisation des ferromagnetischen NiFe mit ca. 0,7 T eine Größenordnung über der Sättigungspolarisation der superparamagnetischen Nanopartikel. Abschätzungen der Kräfte verursacht durch einen externen Permanentmagneten auf ein Partikel bzw. auf eine NiFe-Insel führen zu Werten zwischen 0,8 und 90 pN. Kraft-Auslenkungs-Beziehungen an Balken der Dimension 2,5 x 0,4 x 0,05 μm^3 konnten mit einem Versuchsaufbau aus REM, Mikromanipulator und piezoresistivem Cantilever gewonnen werden. Die Federkonstanten liegen dabei zwischen 0,41 und 0,67 N/m und damit etwas über dem theoretisch zu erwartenden Wert. Nach dem Äquipartitionstheorem steht jedem Freiheitsgrad im Mittel die Energie $0,5 \cdot k_B \cdot T$ zur Verfügung, wenn dieser Freiheitsgrad im Energieterm der Hamiltonfunktion im Quadrat steht. Damit steht auch der harmonischen Schwingung $0,5 \cdot D \cdot s^2$ der Balken um ihre Einspannstelle die Energie $0,5 \cdot k_B \cdot T$ zur Verfügung, womit sich die thermisch induzierte Auslenkung zu $s = \sqrt{\frac{k_B T}{D}} \approx 1,6$ nm für Balken der Länge 10 μm abschätzen lässt. Signifikante Auslenkungen der partikelbehafteten Strukturen mit einem externen Permanentmagneten scheinen daher nicht erfolgsversprechend, da sie bei Raumtemperatur in den Bereich der Amplitude thermischer Schwingungen kommen. Magnetisch induzierte Auslenkungen, die diesen Wert nicht signifikant überschreiten, werden bei Raumtemperatur im thermischen Rauschen undetektierbar. Sofern keine Anwendungen bei höheren Feldstärken und/oder tieferen Temperaturen sichtbar sind, müssen entweder die Balkenstrukturen neu dimensioniert werden oder aber andere, bevorzugt ferromagnetische Partikel mit höherer Sättigungsmagnetisierung verwendet werden. Eine erfolgreiche magnetisch induzierte Auslenkung, sowie Auslenkungsabschätzungen etwa zwei Größenordnungen über den der partikelbehafteter Strukturen, machen die mit NiFe-Inseln versehenen Aktorstrukturen dagegen zu potentiellen Elementen zukünftiger Mikro- und Nanosysteme.

Kapitel 6

Ausblick

Jede wissenschaftliche Arbeit ist eine Momentaufnahme, deren Ergebnisse bestenfalls zu einer intensiven Weiterarbeit auf diesem Gebiet motivieren können. Wissenschaftlich und gesellschaftlich ist die Relevanz von Mikro- und Nanosystemen sehr hoch und wird nach Meinung des Autors dieser Arbeit in Zukunft noch weiter steigen. Nanoaktoren bilden dabei einen zentralen Baustein zukünftiger Systeme, mit denen neuartige Funktionalitäten ermöglicht werden können. Dieser Ausblick soll daher Wege aufzeigen, die Performance des realisierten Nanoaktors weiter zu verbessern. Dies beinhaltet sowohl den Herstellungsprozess als auch die nicht minder wichtigen Verfahren der Charakterisierung und der Positionsdetektion.

6.1 Herstellungsprozess

Der erfolgreiche Einsatz von Gold als Hartmaske, Haft- und Galvanikstartschicht bietet die Möglichkeit der Herstellung reiner Goldbalken. Dies hätte den Vorteil ein Mehrschichtsystem zu meiden und damit dünnere Balken ohne interne Spannungen durch die Schichtgrenze realisieren zu können. Auch Oxidationseffekte müssten bei der Verwendung von Gold nicht berücksichtigt werden. Alternativ bietet die Substitution von Titan durch eine FGL wie beispielsweise NiTi die Möglichkeit, über den Formgedächtniseffekt zusätzliche Funktionalität zu erhalten.

Im vorliegenden Prozess skaliert die Ätztiefe des Unterätzprozesses mit der Strukturbreite. Sofern dies für zukünftige Anwendungen unerwünscht ist, kann es durch eine Ätzstoppschicht wie z. B. Siliziumoxid, die in das Silizium eingezogen wird, verhindert werden.

Die Elektronenstrahllithografie ist ein bewährtes und zuverlässiges Nanostrukturierungsverfahren, das zusätzlich noch die Möglichkeit eines sehr genauen Alignments bietet. Im Hinblick auf ein schnelleres und kostengünstigeres Verfahren könnte jedoch die erste und zweite Belichtungsebene mit dem Nanoimprintverfahren strukturiert werden.

Das Haupthindernis bezüglich einer weiteren Miniaturisierung der Strukturen ist im Proximityeffekt zu finden. Der in dieser Arbeit vorgestellte Prozessablauf erlaubt insbesondere durch die hohe Selektivität des reaktiven Ionenätzens von Gold gegenüber Titan die Verwendung dünnerer Gold- und damit auch dünnerer PMMA-Schichten. Die damit einhergehende reduzierte Vorwärtsstreuung kann die Herstellung kleinerer Strukturen begünstigen. Zusätzlich verspricht der Einsatz höher auflösender Resiste als PMMA wie HSQ eine weitere Strukturminimierung.

Für eine magnetische Aktuierung der Aktorstrukturen ist die Magnetisierung der verwendeten superparamagnetischen Partikel zu gering. Hier versprechen ferromagnetische Partikel größere Kräfte. Ein Problem der Handhabung ferromagnetischer Nanopartikel ist deren magnetkraftbedingte Konglomeration. Ziel der Partikeldeposition muss es sein, einzelne Partikel statt Partikelverbünde auf der Probe zu positionieren. Erfolgversprechende Ansätze zur Konglomerationsvermeidung wären hier eine zuverlässige Demagnetisierung der Partikel und/oder die Wahl einer niedrigen Partikelkonzentration in der Suspension, eventuell verbunden mit einer sich mehrfach wiederholenden Partikeldeposition. Wichtig ist in jedem Fall eine zeitnahe Vorbehandlung der Partikel durch Ultraschallbäder, die nicht nur der magnetischen Konglomeration entgegenwirkt.

Nicht zuletzt bietet die Belichtung im DW-Verfahren mit einer anschließenden Funktionalisierung der Oberfläche eine Fülle an Sensoranwendungen, die auf Änderungen der mechanischen Eigenschaften dank zusätzlicher Masse basieren.

6.2 Charakterisierung und Positionsdetektion

Eine bei Mikrocantilevern erfolgreich angewandte Methode der Resonanzfrequenzbestimmung ist die Verwendung piezoelektrischer Schwingplatten, auf die die Cantilever fixiert werden. Werden die Frequenzen um die zu erwartende Resonanzfrequenz herum angesteuert, kommt es bei der Resonanzfrequenz zu einem Maximum der Aktorauslenkung, die beispielsweise im REM detektiert werden kann.

Die Verwendung von SQUIDs eventuell in Kombination mit einem REM erlaubt eine hochpräzise Vermessung von Magnetfeldänderungen und kann somit Aufschlüsse über die Magnetisierung der Magnetinseln liefern.

Im Hinblick auf eine REM- und Tieftemperaturunabhängige Detektion der Auslenkung und damit der Position der Balkenvorderenden kommen folgende Methoden in Betracht:

- Piezoresistive Detektion: Bei einer geeigneten elektrischen Kontaktierung von Doppelbalkenstrukturen erlaubt die durch eine Balkenverformung induzierte Widerstandsänderung eine Bestimmung der Auslenkung. Grundlage für diese Methode ist Verwendung eines piezoresistiven Material zu dem auch Gold gehört [80]. Die piezoresistive Detektion kann auch mit der Resonanzfrequenzbestimmung kombiniert werden. Werden die Nanobalken über Schwingplatten angeregt, kommt es bei der Resonanzfrequenz zu einem Maximum der Piezoresistivität.

- Hallsonde: Eine in unmittelbarer Nähe der Aktorstrukturen integrierte Hallsonde kann eine Änderung der Balkenendenposition aufgrund einer Magnetfeldänderung detektieren.

- Optisch: Eine optische Faser kann von einer Aktorstruktur unterbrochen werden. Diese dient als eine Art Lichtschranke, deren Position über Änderung der Transmission (oder Reflexion) ermittelt werden könnte. Alternativ kann die Balkenauslenkung klassisch über die Reflexion eines Laserstrahles detektiert werden. Da der

Strahldurchmesser eines Lasers in der Regel größer als die Breite der Aktoren ist, muss eventuell ein dicht beieinander stehendes Array von Aktoren verwendet werden, um ein detektierbares Reflexionssignal zu erhalten. Ein Ansatz zu einer weiteren Methode ist in [81] skizziert. Der Abstand zweier parallel verlaufender Wellenleiter wird in einem kleinen Längenabschnitt durch einen Aktor verändert. Dadurch ändert sich der Kopplungskoeffizient zwischen den Wellenleitern und damit die Signalintensität an den Wellenleiterausgängen, wenn beispielsweise nur ein Wellenleitereingang mit einem Signal beaufschlagt wird. Die Herausforderung bestünde hier in der Kopplung eines beweglichen Wellenleiterstückes mit dem Aktor. Aus der Signalverteilung an den Wellenleiterenden könnte dann auf die Auslenkung des Aktors geschlossen werden.

Literaturverzeichnis

[1] Richard P. Feynman. There is plenty of room at the bottom. *Journal of Engineering and Science*, 4:23–26, 1960.

[2] G. E. Moore. Cramming more components onto integrated circuits. *Electronics*, 8:114–117, 1965.

[3] Mordechai Rothschild. A roadmap for optical lithography. *Opt. Photon. News*, 21(6):26–31, 2010.

[4] Daniel P. Sanders. Advances in patterning materials for 193 nm immersion lithography. *Chemical Reviews*, 110(1):321–360, 2010.

[5] B. Wu. Extreme ultraviolet lithography: A review. *J. Vac. Sci. Technol. B*, 25(6):1743, 2007.

[6] E. W. Becker, W. Ehrfeld, P. Hagmann, A. Maner, and D. Mönchmeyer. Fabrication of microstructures with high aspect ratios and great structural heights by synchrotron radiation lithography, galvanoforming, and plastic moulding (liga process). *Microelectronic Engineering*, 4(1):35–56, 1986.

[7] Chantal Khan Malek and Volker Saile. Applications of liga technology to precision manufacturing of high-aspect-ratio micro-components and -systems: a review. *Microelectronics Journal*, 35(2):131–143, 2004.

[8] A. Tseng Ampere. Recent developments in micromilling using focused ion beam technology. *Journal of Micromechanics and Microengineering*, 14(4):R15, 2004.

[9] I. Utke. Gas-assisted focused electron beam and ion beam processing and fabrication. *J. Vac. Sci. Technol. B*, 26(4):1197, 2008.

[10] S. Chou. Imprint of sub-25 nm vias and trenches in polymers. *Appl. Phys. Lett.*, 67(21):3114, 1995.

[11] Masanori Komuro, Jun Taniguchi, Seiji Inoue, Naoya Kimura, Yuji Tokano, Hiroshi Hiroshima, and Shinji Matsui. Imprint characteristics by photo-induced solidification of liquid polymer. *Japanese Journal of Applied Physics*, 39:7075–7079, 2000.

[12] Claudia Ritter, Markus Heyde, Udo D. Schwarz, and Klaus Rademann. Controlled translational manipulation of small latex spheres by dynamic force microscopy. *Langmuir*, 18(21):7798–7803, 2002.

[13] Jun Hu, Yi Zhang, Haibin Gao, Minqian Li, and Uwe Hartmann. Artificial dna patterns by mechanical nanomanipulation. *Nano Letters*, 2(1):55–57, 2001.

[14] B. Cappella. Comparison between dynamic plowing lithography and nanoindentation methods. *J. Appl. Phys.*, 91(1):506, 2002.

[15] H. Day. Selective area oxidation of silicon with a scanning force microscope. *Appl. Phys. Lett.*, 62(21):2691, 1993.

[16] Richard D. Piner, Jin Zhu, Feng Xu, Seunghun Hong, and Chad A. Mirkin. "dip-pen"nanolithography. *Science*, 283(5402):661–663, 1999.

[17] H. Mamin. Thermomechanical writing with an atomic force microscope tip. *Appl. Phys. Lett.*, 61(8):1003, 1992.

[18] David Pires, James L. Hedrick, Anuja De Silva, Jane Frommer, Bernd Gotsmann, Heiko Wolf, Michel Despont, Urs Duerig, and Armin W. Knoll. Nanoscale three-dimensional patterning of molecular resists by scanning probes. *Science*, 328(5979):732–735, 2010.

[19] Louis De Broglie. Waves and quanta. *Nature*, 112:540, 1923.

[20] R. H. Fowler and L. Nordheim. Electron emission in intense electric fields. *Proceedings of the Royal Society of London. Series A*, 119(781):173–181, 1928.

[21] P.-J. Jakobs A. Bacher. Einführung des Direct-Write-Verfahrens. Technical report, Forschungszentrum Karlsruhe, 2009.

[22] P. Rai-choudhury. *Handbook of microlithography, micromachining and microfabrication*. SPIE Optical Engineering Press, 1997.

[23] T. Chang. Proximity effect in electron-beam lithography. *J. Vac. Sci. Technol.*, 12(6):1271, 1975.

[24] G. Owen. Proximity effect correction for electron beam lithography by equalization of background dose. *J. Appl. Phys.*, 54(6):3573, 1983.

[25] James S. Greeneich. Developer characteristics of poly-(methyl methacrylate) electron resist. *Journal of The Electrochemical Society*, 122(7):970–976, 1975.

[26] Hoff P. H. Everhart, T. E. Determination of kilovolt electron energy dissipation vs penetration distance in solid materials. *Journal of Applied Physics*, 42(13):5837–5846, 1971.

[27] M. Hatzakis. Electron resists for microcircuit and mask production. *Journal of The Electrochemical Society*, 116(7):1033–1037, 1969.

[28] I. Zailer, J. E. F. Frost, V. Chabasseur-Molyneux, C. J. B. Ford, and M. Pepper. Crosslinked pmma as a high-resolution negative resist for electron beam lithography and applications for physics of low-dimensional structures. *Semiconductor Science and Technology*, 11(8):1235, 1996.

[29] Shazia Yasin, D. G. Hasko, and H. Ahmed. Comparison of mibk/ipa and water/ipa as pmma developers for electron beam nanolithography. *Microelectronic Engineering*, 61-62(0):745–753, 2002.

[30] J. Manjkow, J. S. Papanu, D. S. Soong, D. W. Hess, and A. T. Bell. An in situ study of dissolution and swelling behavior of poly-(methyl methacrylate) thin films in solvent/nonsolvent binary mixtures. *Journal of Applied Physics*, 62(2):682–688, 1987.

[31] D. R. Brambley and R. H. Bennett. Electron-beam resist technology for GaAs microwave device fabrication. *GEC journal of research*, 13(1):42–53, 1996.

[32] J. S. Papanu, D. W. Hess, D. S. Soane, and A. T. Bell. Dissolution of thin poly(methyl methacrylate) films in ketones, binary ketone/alcohol mixtures, and hydroxy ketones. *Journal of The Electrochemical Society*, 136(10):3077–3083, 1989.

[33] Gary H. Bernstein and Davide A. Hill. On the attainment of optimum developer parameters for pmma resist. *Superlattices and Microstructures*, 11(2):237–240, 1992.

[34] H. F. Winters and J. W. Coburn. The etching of silicon with XeF2 vapor. *Applied Physics Letters*, 34(1):70–73, 1979.

[35] G. S. Hwang and K. P. Giapis. How tunneling currents reduce plasma-induced charging. *Applied Physics Letters*, 71(20):2928–2930, 1997.

[36] Son Van Nguyen, Dave Dobuzinsky, Scott R. Stiffler, and Greg Chrisman. Substrate trenching mechanism during plasma and magnetically enhanced polysilicon etching. *Journal of The Electrochemical Society*, 138(4):1112–1117, 1991.

[37] T. J. Dalton, J. C. Arnold, H. H. Sawin, S. Swan, and D. Corliss. Microtrench formation in polysilicon plasma etching over thin gate oxide. *Journal of The Electrochemical Society*, 140(8):2395–2401, 1993.

[38] Oxford Instruments. Training manual plasmalab system 100. Technical report, 2002.

[39] http://www.solvayplastics.com/sites/solvayplastics. Fluorinated fluids, Januar Abgerufen 2012.

[40] Colin Welch. Process report pt3744.3. Technical report, Oxford Instruments Plasma Technology, 2009.

[41] David Leonard Chapman and Leo Kingsley Underhill. The interaction of chlorine and hydrogen. *Journal of the Chemical Society, Transactions*, 103, 1913.

[42] O. Stern. Zur Theorie der elektrischen Doppelschicht. *Electrochemistry*, 30:508, 1924.

[43] Bernhard Galda. *Einführung in die Galvanotechnik*. Eugen G. Leuze Verlag, 2004.

[44] Nasser Kanani. *Galvanotechnik*. HANSER Verlag, 2009.

[45] O. Paul W. Menz. J. Mohr. *Mikrosystemtechnik für Ingenieure*. WILEY-VCH Verlag, 2005.

[46] Hartmut Janocha. *Unkonventionelle Aktoren*. Oldenbourg Wissenschaftsverlag, 2010.

[47] Massood Tabib-Azar. *Microactuators*. Kluwer Academic Publishers, 1998.

[48] Daniel J. Jendritza. *Technischer Einsatz neuer Aktoren*. expert Verlag, 1998.

[49] Manfred Kohl. *Shape Memory Microactuators*. Springer Verlag Berlin, 2004.

[50] Z. G. Wei, R. Sandstroröm, and S. Miyazaki. Shape-memory materials and hybrid composites for smart systems: Part i shape-memory materials. *Journal of Materials Science*, 33:3743–3762, 1998.

[51] Jiyoung Chang, Byung-Kwon Min, Jongbaeg Kim, and Liwei Lin. Bimorph nano actuators synthesized by focused ion beam chemical vapor deposition. *Microelectronic Engineering*, 86(11):2364–2368, 2009.

[52] O. Sul, Jang Seongjin, and Yang Eui-Hyeok. Determination of mechanical properties and actuation behaviors of polypyrrole/copper bimorph nanoactuators. *Nanotechnology, IEEE Transactions on*, 10(5):985–990, 2011.

[53] Onejae Sul, Seongjin Jang, Danial S. Choi, and Eui-Hyeok Yang. Fabrication and characterization of a nanoscale NiAl bimorph for reconfigurable nanostructures. *Nanoscience and Nanotechnology Letters*, 2(2):181–184, 2010.

[54] M. Chau, O. Englander, and Lin Liwei. Silicon nanowire-based nanoactuator. In *Nanotechnology, 2003. IEEE-NANO 2003. 2003 Third IEEE Conference on*, volume 2, pages 879–880 vol. 2.

[55] Li Zhang, Jake J. Abbott, Lixin Dong, Bradley E. Kratochvil, Dominik Bell, and Bradley J. Nelson. Artificial bacterial flagella: Fabrication and magnetic control. *Applied Physics Letters*, 94(6):064107–3, 2009.

[56] A. N. Cleland and M. L. Roukes. Fabrication of high frequency nanometer scale mechanical resonators from bulk si crystals. *Applied Physics Letters*, 69(18):2653–2655, 1996.

[57] R. B. Karabalin, M. H. Matheny, X. L. Feng, E. Defaÿ, G. Le Rhun, C. Marcoux, S. Hentz, P. Andreucci, and M. L. Roukes. Piezoelectric nanoelectromechanical resonators based on aluminum nitride thin films. *Applied Physics Letters*, 95(10):103111, 2009.

[58] Bernard Yurke, Andrew J. Turberfield, Allen P. Mills, Friedrich C. Simmel, and Jennifer L. Neumann. A dna-fuelled molecular machine made of DNA. *Nature*, 406(6796):605–608, 2000.

[59] A. J. Turberfield, J. C. Mitchell, B. Yurke, Jr. Mills, A. P., M. I. Blakey, and F. C. Simmel. DNA fuel for free-running nanomachines. *Physical Review Letters*, 90(11):118102, 2003.

[60] Friedrich Simmel and Wendy Dittmer. DNA Nanodevices. *Small*, 1(3):284–299, 2005.

[61] Paul W. K. Rothemund. Folding DNA to create nanoscale shapes and patterns. *Nature*, 440(7082):297–302, 2006.

[62] Monica Marini, Luca Piantanida, Rita Musetti, Alpan Bek, Mingdong Dong, Flemming Besenbacher, Marco Lazzarino, and Giuseppe Firrao. A revertible, autonomous, self-assembled DNA-origami nanoactuator. *Nano Letters*, 11(12):5449–5454, 2011.

[63] Onejae Sul and Eui-Hyeok Yang. A multi-walled carbon nanotube aluminum bimorph nanoactuator. *Nanotechnology*, 20(9):095502, 2009.

[64] Li M. Garcia-Sanchez D. Zhao P. Takeuchi I. Tang H.X. Bhaskaran, H. Active microcantilevers based on piezoresistive ferromagnetic thin films. *Applied Physics Letters*, 98(1), 2011.

[65] O. Ergeneman, M. Suter, G. Chatzipirpiridis, J. Zurcher, S. Graff, S. Pane, C. Hierold, and B. J. Nelson. Characterization and actuation of a magnetic photosensitive polymer cantilever. ISOT 2009 - International Symposium on Optomechatronic Technologies, pages 266–270.

[66] O. Cugat, J. Delamare, and G. Reyne. Magnetic micro-actuators and systems (magmas). *Magnetics, IEEE Transactions on*, 39(6):3607–3612, 2003.

[67] Anirban Chakraborty and Cheng Luo. Fabrication and application of metallic nano-cantilevers. *Microelectronics Journal*, 37(11):1306–1312, 2006.

[68] Z. J. Davis and A. Boisen. Aluminum nano-cantilevers for high sensitivity mass sensors. volume 1, pages 293–296.

[69] S. G. Nilsson, X. Borris, and L. Montelius. Size effect on young's modulus of thin chromium cantilevers. *Applied Physics Letters*, 85(16):3555–3557, 2004.

[70] M. Pritschow. *Titannitrid- und Titan-Schichten für die Nano-Elektromechanik*. PhD thesis, Fakultät für Maschinenbau der Universität Stuttgart, 2007.

[71] C. E. Sittig. *Charakterisierung der Oxidschichten auf Titan und Titanlegierungen sowie deren Reaktionen in Kontakt mit biologisch relevanten Modellösungen*. PhD thesis, Eidgenössische Technische Hochschule Zürich, 1998.

[72] A. H. DuRose. Boric acid in nickel solutions. *Plating and Surface Finishing*, 64(8):52–55, 1977.

[73] Harry Robbins and Bertram Schwartz. Chemical etching of silicon. *Journal of The Electrochemical Society*, 106(6):505–508, 1959.

[74] F. Marschall. Weiterentwicklung eines Gefriertrocknungsprozesses zur Herstellung von Mikro- und Nanostrukturen. Master's thesis, Institut für Mikrostrukturtechnik, KIT, 2010.

[75] Y. Martin and H. K. Wickramasinghe. Magnetic imaging by "force microscopy" with 1000 [a-ring] resolution. *Applied Physics Letters*, 50(20):1455–1457, 1987.

[76] STUDENT. The probable error of a mean. *Biometrika*, 6(1):1–25, 1908.

[77] Stephane Cuenot, Christian Fretigny, Sophie Demoustier-Champagne, and Bernard Nysten. Surface tension effect on the mechanical properties of nanomaterials measured by atomic force microscopy. *Phys. Rev. B*, 69:165410, Apr 2004.

[78] G. Y. Jing, H. L. Duan, X. M. Sun, Z. S. Zhang, J. Xu, Y. D. Li, J. X. Wang, and D. P. Yu. Surface effects on elastic properties of silver nanowires: Contact atomic-force microscopy. *Phys. Rev. B*, 73:235409, Jun 2006.

[79] Narsu Bai Jiangang Li Haiyan Yao, Guohong Yun. Surface elasticity effect on the size-dependent elastic property of nanowires. *J. Appl. Phys.*, 11:083506, 2012.

[80] Mo Li, H. X. Tang, and M. L. Roukes. Ultra-sensitive nems-based cantilevers for sensing, scanned probe and very high-frequency applications. *Nat Nano*, 2(2):114–120, 2007.

[81] Yuta Akihama, Yoshiaki Kanamori, and Kazuhiro Hane. Ultra-small silicon waveguide coupler switch using gap-variable mechanism. *Opt. Express*, 19(24):23658–23663, Nov 2011.

Schriften des Instituts für Mikrostrukturtechnik
am Karlsruher Institut für Technologie (KIT)

ISSN 1869-5183

Herausgeber: Institut für Mikrostrukturtechnik

Die Bände sind unter www.ksp.kit.edu als PDF frei verfügbar
oder als Druckausgabe zu bestellen.

Schriften des Instituts für Mikrostrukturtechnik
am Karlsruher Institut für Technologie (KIT)

ISSN 1869-5183

Band 7   Friederike J. Gruhl
          Oberflächenmodifikation von Surface Acoustic Wave (SAW)
          Biosensoren für biomedizinische Anwendungen. 2010
          ISBN 978-3-86644-543-7

Band 8   Laura Zimmermann
          Dreidimensional nanostrukturierte und superhydrophobe
          mikrofluidische Systeme zur Tröpfchengenerierung und
          -handhabung. 2011
          ISBN 978-3-86644-634-2

Band 9   Martina Reinhardt
          Funktionalisierte, polymere Mikrostrukturen für die
          dreidimensionale Zellkultur. 2011
          ISBN 978-3-86644-616-8

Band 10   Mauno Schelb
          Integrierte Sensoren mit photonischen Kristallen auf
          Polymerbasis. 2012
          ISBN 978-3-86644-813-1

Band 11   Auernhammer, Daniel
          Integrierte Lagesensorik für ein adaptives mikrooptisches
          Ablenksystem. 2012
          ISBN 978-3-86644-829-2

Band 12   Nils Z. Danckwardt
          Pumpfreier Magnetpartikeltransport in einem Mikroreaktions-
          system: Konzeption, Simulation und Machbarkeitsnachweis. 2012
          ISBN 978-3-86644-846-9

Band 13   Alexander Kolew
          Heißprägen von Verbundfolien für mikrofluidische
          Anwendungen. 2012
          ISBN 978-3-86644-888-9

Schriften des Instituts für Mikrostrukturtechnik
am Karlsruher Institut für Technologie (KIT)

ISSN 1869-5183

Band 14   Marko Brammer
          Modulare Optoelektronische Mikrofluidische Backplane. 2012
          ISBN 978-3-86644-920-6

Band 15   Christiane Neumann
          Entwicklung einer Plattform zur individuellen Ansteuerung von
          Mikroventilen und Aktoren auf der Grundlage eines Phasenüber-
          ganges zum Einsatz in der Mikrofluidik. 2013
          ISBN 978-3-86644-975-6

Band 16   Julian Hartbaum
          Magnetisches Nanoaktorsystem. 2013
          ISBN 978-3-86644-981-7